MicroPython 项目开发实战

[美] 雅各布·贝宁格 著

张 博 译

清华大学出版社
北京

内 容 简 介

本书详细阐述了与 MicroPython 项目相关的基本内容，主要包括 MicroPython 简介、管理实时任务、针对 I/O 扩展器编写 MicroPython 驱动程序、开发应用程序测试框架、自定义 MicroPython 内核启动代码、自定义调试工具以可视化传感器数据、使用手势控制设备、基于 Android 的自动化和控制、利用机器学习构建物体检测应用程序、MicroPython 的未来等内容。此外，本书还提供了相应的示例、代码，以帮助读者进一步理解相关方案的实现过程。

本书适合作为高等院校计算机及相关专业的教材和教学参考书，也可作为相关开发人员的自学用书和参考手册。

北京市版权局著作权合同登记号 图字：01-2020-6420

图书在版编目（CIP）数据

MicroPython 项目开发实战 ／（美）雅各布·贝宁格著；张博译. —北京：清华大学出版社，2024.1
书名原文：MicroPython Projects
ISBN 978-7-302-65051-5

Ⅰ．①M… Ⅱ．①雅… ②张… Ⅲ．①软件工具—程序设计 Ⅳ．①TP311.561

中国国家版本馆 CIP 数据核字（2023）第 244737 号

责任编辑：贾小红
封面设计：刘　超
版式设计：文森时代
责任校对：马军令
责任印制：沈　露

出版发行：清华大学出版社
　　　网　　址：https://www.tup.com.cn，https://www.wqxuetang.com
　　　地　　址：北京清华大学学研大厦 A 座　　　邮　　编：100084
　　　社 总 机：010-83470000　　　邮　　购：010-62786544
　　　投稿与读者服务：010-62776969，c-service@tup.tsinghua.edu.cn
　　　质量反馈：010-62772015，zhiliang@tup.tsinghua.edu.cn
印 装 者：大厂回族自治县彩虹印刷有限公司
经　　销：全国新华书店
开　　本：185mm×230mm　　　印　　张：14.25　　　字　　数：282 千字
版　　次：2024 年 1 月第 1 版　　　印　　次：2024 年 1 月第 1 次印刷
定　　价：89.00 元

产品编号：088861-01

译 者 序

随着过去几年嵌入式系统的复杂性不断增加，开发人员正在寻找一种方法来轻松地管理它们，即解决问题而不需要花费大量时间来寻找受支持的外围设备。MicroPython 是 Python 3 编程语言的高效和精益实现，该语言经过优化可以在微控制器上运行。本书探讨了开发人员如何利用 Python 开发基于精简版（即 MicroPython）的应用程序。

本书是一本基于项目的全面指南，将帮助读者构建广泛的项目，并使您有信心设计跨越电子应用，自动化设备和物联网应用等新技术领域的复杂项目。在构建 7 个引人入胜的项目时，读者将学习如何使设备相互通信，通过 TCP/IP 套接字访问和控制设备，以及存储和检索数据。随着您从事不同的项目，其复杂性也将逐渐增加，涉及诸如驱动程序设计、传感器接口和 MicroPython 内核定制等领域。本书将引领读者了解使用 MicroPython 开发应用程序的背景，并帮助开发人员熟悉一些设计模式，进而针对项目形成自己的想法。

在本书的翻译过程中，除张博外，刘祎、张华臻、刘璋等人也参与了部分翻译工作，在此一并表示感谢。由于译者水平有限，错漏之处在所难免，在此诚挚欢迎读者提出任何意见和建议。

译　者

前　　言

传统上，嵌入式系统开发人员在编程时主要使用 C 语言，一些走在前沿的开发人员还会使用 C++语言。在过去的 10 年里，设计和构建嵌入式系统的方式及软件开发的方式发生了很大的变化。Python 语言已经成为许多计算机和服务器应用程序开发的主导语言，许多年轻和新进的开发人员会首先学习 Python，而不是其他语言。这使得 Python 成为开发嵌入式系统的独特而有趣的选择。

本书探讨了开发人员如何利用 Python 开发基于精简版 Python（即 MicroPython）的应用程序。MicroPython 早在 2013 年就出现了，并且一直在稳步发展，围绕 MicroPython 形成了一个活跃和创新的社区。MicroPython 允许开发人员在更高的抽象层次上工作，使其专注于应用程序，而将低层处理器细节留在接口后面，这使得即使是非软件开发人员也可以轻松地快速编写控制硬件和与硬件接口的应用程序。

本书将引领读者了解使用 MicroPython 开发应用程序的背景，并帮助读者熟悉一些设计模式，进而针对项目形成自己的想法。

适用读者

本书适用于嵌入式系统开发人员或任何对使用 MicroPython 构建嵌入式系统感兴趣的读者。

这里，希望读者对电子学和 Python 有一些基本的了解，若具有一些 MicroPython 的实验经验，将会给学习带来帮助。

作者在本书中试图强化软件开发过程，一些设计自己的产品或使用开源软件的开发人员往往缺少这方面的知识。无论读者目前的技能水平如何，都将了解在何处和何时使用 MicroPython、哪些技术和模式可以直接应用于自己的项目，以及如何扩展本书中的项目。

本书内容

第 1 章将引领读者了解嵌入式软件开发及 MicroPython 的适用范围。本章将讨论如何决定使用哪种语言，以及一些通用的最佳实践方案。

第 2 章将讨论开发人员在基于 MicroPython 的系统中使用的，用于调度任务的不同技术。

第 3 章将解释如何为外部设备编写驱动程序。

第 4 章将介绍用于测试基于 MicroPython 的应用程序的不同方法，并为对此类操作感兴趣的读者提供了几种不同的选择。

第 5 章通过检查和更改 MicroPython 内核，帮助读者了解 MicroPython 的幕后操作。本章内容重点关注开发人员在生产系统时可能需要修改的启动代码。

第 6 章将帮助读者探索如何将传感器和调试信息从设备传输到计算机，然后可视化系统上产生的结果。这对于监视关键变量、调试语句或仅仅创建传感器仪表板非常重要。

第 7 章将介绍如何将手势传感器与开发板连接，并编写一个检测手势的应用程序。

第 8 章将学习如何使用 ESP32 微控制器创建一个传感器节点,该节点可以传输传感器数据并从 Android 模板接收命令。该方法很容易扩展到物联网（IoT）应用程序和设备控制上。

第 9 章演示了使用 MicroPython 支持的 OpenMV 相机模块构建一个可以检测图像中对象的应用程序。

第 10 章探讨了 MicroPython 的未来，以及我们在未来几年可能看到的方向。

软件/硬件支持

本书假定读者对 Python 有基本的了解，并且构建过一些嵌入式系统项目。更有经验的嵌入式软件开发人员将能够快速学习如何编写基于 MicroPython 的应用程序。同时，假设读者了解流程图和基本的接线图，并了解如何使用 Git 存储库及在自己的计算机上安装软件。本书涉及的软件/硬件及操作系统需求如表 0.1 所示。

表 0.1　本书涉及的软件/硬件及操作系统需求

本书涉及的软件/硬件	操作系统需求
PyCharm	Windows，Linux，macOS
PuTTY	Windows，Linux，macOS
Linux Virtual Machine	Windows，Linux，macOS
Python 3.x	Windows，Linux，macOS
Anaconda Terminal	Windows，Linux，macOS
Simple TCP Socket Tester	Windows，Linux，macOS

续表

本书涉及的软件/硬件	操作系统需求
OpenMV IDE	Windows，Linux，macOS
Pyboard	—
RobotDyn I2C 8-bit PCA8574 I/O 扩展器	—
Adafruit RGB Pushbutton PN: 3423	—
STM32L4 IoT Discovery Node	—
Robotdyn I2C 8-bit PCA8574 I/O 扩展器	—
USB to UART Converter	—
Adafruit ADPS9960 分线板	—
支持 MicroPython 的开发板	—
ESP32 WROVER-B	—
OpenMV Camera Module	—

书中项目并不一定是按顺序设计的。考虑到这一点，建议读者在查看自己最感兴趣的项目之前，按顺序阅读前两章。这两章介绍了 MicroPython 的背景知识及如何调度任务。同时，鼓励读者阅读最后一章，其中介绍了 pyboard-D，这可能是在大多数实验中可选择使用的开发板。

下载示例代码

读者可访问 www.packt.com 并通过账号下载本书的示例代码, 也可访问 www.packtpub.com/support，注册后，将收到包含示例代码文件的电子邮件。

读者还可通过下列步骤下载代码文件。

（1）登录 www.packt.com 并注册。

（2）选择 Support 选项卡。

（3）单击 Code Downloads。

（4）在搜索栏中输入本书的名称并遵循后续指令操作。

在文件下载完毕后，确保使用下列软件的最新版本解压或析取文件。

❑　Windows：WinRAR/7-Zip。

❑　macOS：Zipeg/iZip/UnRarX。

❑　Linux：7-Zip/PeaZip。

本书的代码也托管在 GitHub 上，对应网址为 PacktPublishing/MicroPython-Projects。如果代码更新，这些代码也将在现有的 GitHub 存储库上更新。

另外，读者还可访问 https://github.com/PacktPublishing/。其中包含丰富的书籍和视频目录的其他代码包。

下载彩色图像

我们提供了本书中截图/图表的彩色图像，读者可访问 https://static.packt-cdn.com/downloads/9781789958034_ColorImages.pdf 下载。

本书约定

本书在文本方面采用了一些约定。

代码块如下所示。

```
def system_init():
    print("Initializing system ...")
    print("Starting application ...")
```

当希望强调特定的代码部分时，相关代码行或条目设置为粗体，如下所示。

```
try:
    PushButton = RGB_Button.DeviceIO.Read()
except Exception as e:
    sys.print_exception(e)
    print("Exiting application ...")
    sys.exit(0)
```

命令行输入或输出如下所示。

```
pip install pySerial
```

ⓘ 图标表示警告或重要的注意事项。

🅣 图标表示提示信息和操作技巧。

读者反馈和客户支持

欢迎读者对本书提出建议或意见并予以反馈。

对此，读者可向 customercare@packtpub.com 发送邮件，并以书名作为邮件标题。

勘误表

尽管我们希望做到尽善尽美，但错误依然在所难免。如果读者发现谬误之处，无论是文字错误还是代码错误，望不吝赐教。对此，读者可访问 http://www.packtpub.com/submit-errata，选取对应书籍，输入并提交相关问题的详细内容。

版权须知

一直以来，互联网上的版权问题从未间断，Packt 出版社对此类问题异常重视。若读者在互联网上发现本书任意形式的副本，请告知我们网络地址或网站名称，我们将对此予以处理。关于盗版问题，读者可发送邮件至 copyright@packtpub.com。

若读者针对某项技术具有专家级的见解，抑或计划撰写书籍或完善某部著作的出版工作，则可访问 authors.packtpub.com。

问题解答

若读者对本书有任何疑问，均可发送邮件至 questions@packtpub.com，我们将竭诚为读者服务。

目　　录

第 1 章 MicroPython 简介

半个世纪以来，C 语言一直统治着嵌入式系统行业。C 语言非常成功，但是它已经不能满足嵌入式软件开发人员的需求了。在本章中，我们将探索嵌入式系统的编程语言前景，以及 Python（特别是 MicroPython）如何迅速成为开发大量应用程序的良好选择。

本章主要涉及下列主题。

❑ 嵌入式软件语言。

❑ MicroPython 案例。

❑ 评估 MicroPython 是否适合。

❑ 选择合适的开发平台。

❑ MicroPython 的开发过程和策略。

❑ 有用的开发资源。

1.1 嵌入式软件语言

在嵌入式软件行业的历史中，通常来说，可供为基于微控制器的系统编写软件的开发人员选择的软件语言很少。在计算机时代的早期，开发人员使用低级汇编语言，这迫使他们学习使用每个微控制器设备的指令集。虽然汇编语言非常高效，但阅读、维护甚至理解汇编语言都是相当困难和烦琐的。

1969 年至 1973 年，丹尼斯·里奇在贝尔实验室工作时开发了 C 语言，从此改变了软件开发的方式。C 语言开始流行起来，虽然通用计算系统已经转向其他面向对象的语言，但由于以下原因，C 语言一直是微控制器使用的主要语言。

❑ C 语言是一种高级编程语言，不需要开发人员理解特定于目标的汇编语言。

❑ 访问低级寄存器和硬件特性的能力。

❑ 创建高级软件抽象的能力。

❑ 跨平台编译（编写一次软件并将其部署到多个目标）。

❑ 可重用和可移植的软件。

C 语言是如此流行和成功，近半个世纪，它都作为嵌入式软件行业的首选语言。尽管主要的软件设计范式发生了变化，如面向对象的设计，以及出现了新的语言（如 C++），但 C 语言的流行程度仍然保持不变。C 语言填补了一个重要的空白，它允许开发人员有效地开发在硬件中进行位和字节级交互的软件。

虽然 C 语言在开发人员中非常受欢迎，但在过去几年中，由于一些不同的原因，它的受欢迎程度有所下降。其中一些原因列举如下。

- ❑ C 语言规范存在几个棘手的问题，可能导致开发人员对代码正在执行的操作感到困惑，或者为不同目标编译时出现不同的行为。这导致了其他标准（如 MISRA-C）的产生，它们创建了一个安全的 C 功能子集，开发人员可以在自己的软件中使用。

- ❑ 世界上许多地方的大学不再教授 C 语言。事实上，很多大学甚至都不再教授 C++ 课程了。想要学习编程语言的学生通常会选择 Java 或 Python 作为首选语言，这意味着任何想要成为嵌入式开发人员的人都必须在工作中学习 C 语言。其间，开发人员很可能不会意识到 C 语言的陷阱和问题，从而导致出现错误和编写出低质量的代码。同时，开发人员需要额外的时间和金钱进行学习。

- ❑ C 语言是一种相对低级且冗长的编程语言。这很容易导致难以置信的、不易发现的错误，如内存泄漏、缓冲区溢出或意外访问超出边界的数组。大多数现代语言通过内存管理和托管指针（如果指针存在）等特性提供了针对这些问题的显式保护。

- ❑ 大多数开发团队在开发软件体系结构时使用面向对象的方法进行软件开发。虽然良好的软件体系结构与语言无关，但用 C 语言编写面向对象的代码可能要困难得多。人们经常忽略的一点是，C 语言确实提供了完美的封装和继承机制，但多重继承和多态性要复杂得多，实现起来容易出错。

由于这些原因，在过去的几年里，人们开始慢慢放弃将 C 语言作为开发嵌入式应用程序的首选语言。

事实上，可用于开发嵌入式软件的语言数量出现了小幅增长。这些语言包括传统的编译语言（如汇编语言或 C 语言）、C++语言或 Java 语言，以及最近的脚本语言（如 Python 或 Squirrel 语言）。一些可视化编程语言甚至允许开发人员生成高级概念，然后生成低级代码，如 MATLAB。

每隔一年，ASPENCORE 都会进行一次嵌入式行业普查，并对嵌入式系统行业的几千名开发人员进行调查。在 2019 年的调查中，发现这些项目中只有 56%是使用 C 编程语言开发的，而 22%的项目是使用 C++语言开发的，剩下的 22%是使用其他几种语言开发的，包括 Python。完整的结果可以在图 1.1 中看到。这些语言展示了开发人员是如何掌握新的语言和技术，以便以更有效和更现代的方式编写软件。有趣的是，如果将这些结果与 2017 年的结果进行比较，可以发现 Python 的份额从 3%增加到 6%，翻了一番。但是，C 和 C++语言的份额则保持不变，因此，尽管 Python 变得越来越流行，但它并没有从 C 或 C++语言那里获取任何市场份额。

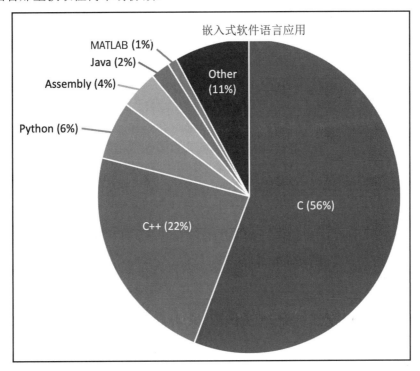

图 1.1

图 1.1 所示饼状图来自 https://www.embedded.com/所做的一项调查（ASPENCORE 嵌入式系统调查，2019 年）。请注意，这适用于所有嵌入式系统，包括应用处理器，而不仅仅是微控制器。

1.2　MicroPython 案例

随着开发人员开始寻找可替代的编程语言，Python 成为流行的嵌入式语言的机会急剧增加。Python 具有一些特点，使其成为嵌入式语言的选择方案。这些特点包括但不限于以下几点。

   ❑　世界上许多大学都开设了 Python 课程。

   ❑　Python 易于学习（甚至小学生都可编写 Python 代码）。

   ❑　Python 是面向对象的。

   ❑　Python 是一种移除编译的解释性脚本语言。

   ❑　Python 由一个强大的社区提供支持，包括许多附加库，可以最大限度地减少重新发明轮子。

   ❑　Python 包括错误处理机制。

   ❑　Python 易于扩展。

Python 实际上已经成为开发流行应用处理器（如 Raspberry Pi 板）的首选语言。

不过，开发人员在微控制器上使用 Python 之前必须考虑以下几项挑战。

首先，微控制器是资源受限的设备，通常缺少内存或处理能力。这意味着必须重写 Python 解释器，以便可以轻松地适应具有几百千字节闪存的微控制器，并能够在低于 200MHz 的环境中工作。

其次，微控制器用于实时系统。这意味着需要有一种机制来处理中断，这在 Python 中并不直接存在。

最后，Python 解释器需要移植到每个微控制器架构和目标中，以便有效地运行。

开发人员单独完成这 3 项任务是相当具有挑战性的。值得庆幸的是，MicroPython 社区已经承担了这项工作，正如项目本身所描述的那样：

"MicroPython 是 Python 3 编程语言的精简高效实现，包含 Python 标准库的一小部分内容并经过优化，可在微控制器和受限环境中运行。"

——https://micropython.org/

MicroPython 的目标是将 Python 世界中良好的内容引入嵌入式系统中，并减轻对 C 语言开发软件的依赖（尽管在底层，MicroPython 是用 C 语言编写的）。

需要注意的是，就像任何编程语言一样，在某些特定情况下，MicroPython 是最适合的；而在其他情况下，使用 MicroPython 将是一场灾难。总体来说，MicroPython 在以下 3 种不同的用例中真正发挥了作用。

   ❑　DIY（自己动手制作）项目。

   ❑　快速原型。

   ❑　小批量生产产品。

接下来将详细地解释每种用例。

1.2.1　用例 1——DIY 项目

MicroPython 非常适合业余爱好者或一次性项目的开发人员使用。如前所述，Python 是一种简单的脚本语言，非常容易学习。这使得 MicroPython 对那些希望实验和创建 DIY 项目（如 MIDI 播放器、机器人、无人机或家庭自动化系统）的开发人员来说非常容易访问。其使用的可能性实际上只受开发人员想象力的限制。

相应地，至少存在十几种不同的低成本开发板可以本地支持 MicroPython。低成本使得订购一个主板，然后启动它并开始使用 MicroPython 编程变得非常容易。在第 5 章中，我们将展示如何自定义 MicroPython 内核并将其部署到自己的开发板上。

通过搜索引擎可以找到很多如何在不同的应用程序中使用 MicroPython 的例子，还有很多关于如何使用 Python 的例子。这些资源有助于建立一个庞大的生态系统，在此基础上，独立开发者可创建自己的项目。在本书中，我们还将研究最流行和最有用的资源，以供读者参考。

1.2.2　用例 2——快速原型

MicroPython 的使用不仅限于 DIY 工程师。对于正在寻求开发快速原型或概念验证的工程团队而言，MicroPython 非常适合。MicroPython 内核将低级微控制器硬件抽象出来，使开发人员能够从开发周期的第一天开始开发应用程序代码，甚至测试代码。这使得 MicroPython 特别适用于原型设计。

在原型环境中，开发人员可以组装硬件组件并开发脚本，以展示他们想要创建的最终系统实际上是可行的。开发人员能够通过在 MicroPython 中进行原型开发时遇到的问题，推断出在开发过程中可能会遇到的潜在问题，这将帮助他们处理以下问题。

❑　开发成本。

❑　上市时间。

❑　主要工程障碍。

❑　所需资源。

解决了上述类型的问题，产品代码的开发就会更加顺利，进度和项目成本也会更加准确。

除了证明产品概念是可行的，开发人员还可以使用 MicroPython 与开发中需要了解的新传感器和设备进行交互。例如，如果需要为 I2C I/O 扩展芯片编写 C 驱动程序，通常会为该芯片创建或购买开发板，并将其连接到一个 MicroPython 开发板上，随后可以编写简单的 Python 脚本与芯片交互，并允许执行以下操作。

- ❑ 考查芯片寄存器。
- ❑ 使用设备的外围设备。
- ❑ 监控 I2C 总线通信，并了解良好通信应有的状态。

以这种方式使用 MicroPython 可以更深入地了解正在与之交互的设备。最终结果是，可以快速创建一个编写良好的驱动程序，因为可以利用一个工作示例比较产品驱动程序。据此，调试时间将大大减少。

1.2.3　用例 3——小批量生产产品

与 C 或 C++语言相比，MicroPython 是一种相对较新的微控制器编程语言，这意味着在生产系统中使用它仍然存在一些风险。例如，在大规模生产中使用 MicroPython 可能会导致以下问题。

- ❑ 更长的项目制作周期。
- ❑ 更昂贵的微控制器（处理更大的 MicroPython 内核）。
- ❑ 难以正确保护应用程序固件。
- ❑ 必须管理固件更新。
- ❑ 确保稳健的操作和从故障模式中恢复。

在大批量产品中使用 MicroPython 并不是不可能，但是这些问题和其他几个问题会使这种部署变得更加困难，至少在撰写本书时是这样。然而，对于小批量的产品——可能一年几十个或者几百到一千个单位——MicroPython 可能是一个非常合适的选择。

与 C/C++编写软件相比，MicroPython 确实允许一个团队在软件栈的较低层次上更快地开发软件。开发人员可以利用错误处理功能，这有助于减少花费在调试系统上的时间。Python 非常容易学习，硬件工程师可以编写基本的 Python 脚本来监控他们的硬件并加快开发过程。总的来说，MicroPython 有潜力帮助小型企业和小批量制造商减少成本和缩短上市时间。

在生产系统中已经涌现出了 MicroPython 的一些真实例子。例如，笔者的一个客户在航天工业工作，开发用于地球成像应用的小型卫星，我们使用 MicroPython 来控制航天器的电子电源（EPS）。由于以下因素，MicroPython 非常适合。

- ❑ 这些系统的体积很小。
- ❑ 这家公司刚刚起步，没有足够的软件工程师预算。
- ❑ 项目的开发时间很短。
- ❑ 这家公司拥有一个较小的软件团队，专注于卫星系统和任务中的其他软件优先级。

    ❑　这家公司可以忍受更高级别的产品风险，以弥补成本和进度上的欠缺。

使用 MicroPython 开发 EPS 软件对他们的团队来说更容易管理，因为大多数团队成员即使不懂 C 语言，也能理解并编写 Python 代码。最终结果非常成功。

在太空系统和其他商业产品中使用 MicroPython 这种情况，笔者遇到的不仅仅是一家公司。欧洲航天工业一直在评估在他们自己的卫星系统中使用 MicroPython。除此之外，笔者还遇到过使用 MicroPython 开发消费电子产品的初创企业和企业家。这表明 MicroPython 可以在这种情况下使用，而且用户在生产系统中使用 MicroPython 的兴趣也在不断增长。

1.3　评估 MicroPython 是否适合

到目前为止，我们已经讨论了 MicroPython 的几个用例及其使用的时机。即使我们正在进行的项目符合批准的用例，MicroPython 可能仍然不是最适合的。就像任何项目一样，我们需要客观地评估 MicroPython 是否为正确的语言。接下来看看如何评估 MicroPython 是否适合。

需要遵循几个步骤以评估编程语言是否满足开发团队或开发人员的需求。

（1）确定所需的关键语言特性。

（2）评估团队的编程技能。

（3）确定所选语言可能达到的业务结果。

下面将对此进行逐一讨论。

首先，确定开发团队的需求及其使用的语言特性是很重要的。例如，对于一个开发团队来说，想要一种具有以下特点的语言是很常见的。

    ❑　面向对象。

    ❑　拥有内置的错误处理。

    ❑　拥有免费和可用的第三方库。

    ❑　拥有一个强大的生态系统。

    ❑　在互联网上可以找到普遍的使用实例。

如果一个团队所需的语言只需要具有这些要点，那么 MicroPython 和 C++将一起成为首选语言。

其次，团队的编程技能确实需要评估，以确定所使用的语言是否适合该团队。对此，有几项技能需要审查，例如：

    ❑　团队对编程原则和过程的总体理解。

    ❑   特定语言技能水平：初学者、中级或专家。

当一个团队中缺少具有编程经验的电气工程师时，使用 Python 这样的语言可能是正确的选择。我们已经讨论过，Python 很容易学习，电气工程师可以使用 Python 脚本来监控他们的硬件并使系统工作，即使代码不打算用于生产。然后，这些代码可以被提交给软件团队，该团队根据工作中的功能实例使软件能够适用于生产。

最后，需要检查该语言的业务成果，包括下列项目。

    ❑   对安全漏洞的风险承受能力。

    ❑   更少的嵌入式开发人员节省的成本。

    ❑   对上市时间的影响。

    ❑   整体系统质量和客户反应。

只有审查了所有因素，开发人员才能决定是否可以在他们的开发周期中使用 MicroPython。

1.4　选择合适的开发平台

对于那些有兴趣使用 MicroPython 的开发者来说，有相当多的选择。到目前为止，MicroPython 已经被移植到十几种不同的微控制器架构上，每个架构都支持一系列的开发板，有近 50 种不同的开发板供开发者选择。面对这么多不同的选择，要决定哪一种方案对项目最有意义，可能具有一定的挑战性。

选择开发平台有许多不同的方法，我们将通过一个简单的过程对此予以介绍，包括以下步骤。

（1）调查可用架构。

（2）在这些架构中确定感兴趣的开发板。

（3）创建 Kepner-Tregoe（KT）矩阵，以客观评估最适合应用程序的最佳开发板。

这个简单的过程将确保开发人员选择适合使用的 MicroPython 开发平台来实现想要执行的最佳操作。

1.4.1　调查可用的架构

最简单的了解可用微控制器架构的方法是访问 MicroPython Git 存储库。该存储库网址为 https://github.com/micropython/micropython/tree/master/。

从存储库的根目录导航到 ports 文件夹，其中有可以运行 MicroPython 的所有可用微控制器架构列表，如图 1.2 所示。

📁 bare-arm	py/objdict: Make .fromkeys() method configurable.
📁 cc3200	stm32,esp8266,cc3200: Use MICROPY_GC_STACK_ENTRY_TYPE to save some RAM.
📁 esp32	esp32/modsocket: For socket read only release GIL if socket would block.
📁 esp8266	esp8266/machine_uart: Add rxbuf keyword arg to UART constructor/init.
📁 minimal	py/objdict: Make .fromkeys() method configurable.
📁 nrf	nrf/bluetooth: Update BLE stack download script.
📁 pic16bit	all: Update Makefiles and others to build with new ports/ dir layout.
📁 qemu-arm	qemu-arm/test_main: Include setjmp.h because it's used by gc_collect.
📁 stm32	stm32/main: Make thread and FS state static and exclude when not needed.
📁 teensy	teensy: Add own uart.h to not rely on stm32's version of the file.
📁 unix	unix/modos: Rename unlink to remove to be consistent with other ports.
📁 windows	windows: Remove remaining traces of old GNU readline support.
📁 zephyr	py/objstr: Make str.count() method configurable.

图 1.2

　　浏览一下资源库,看看哪些微控制器架构被支持,不失为一个好主意。最后,选择一个支持度高且自己熟悉的架构,以防需要深入 MicroPython 内核中。对于大多数在 Python 水平上编写代码的开发者来说,潜入 MicroPython 内核可能是他们很少做的事情。

1.4.2　确定感兴趣的开发板

　　从 ports 列表可以看出,得到最多支持的架构是 STM32 系列。以下是 STM32 得到大量支持的原因。

　　(1)意法半导体提供了一个底层驱动框架,使得支持使用相同 API 的多个 STM32 设备变得容易。

　　(2)所有官方的 MicroPython 开发板,从 PYB1.0 开始,都是基于 STM32 的。

　　(3)与其他微控制器架构社区相比,STM 社区对 MicroPython 的支持更多。

　　因此,开发人员会发现在 STM32 端口中,在 boards 文件夹中有相当多的选项可以选择,如图 1.3 和图 1.4 所示。MicroPython 支持的不同 STM32 开发板,包括意法半导体的 Nucleo 开发板,如图 1.3 所示。

　　图 1.4 显示了 MicroPython 支持的不同 STM32 开发板,包括意法半导体的 Discovery 板和 MicroPython 创建者的旗舰 PY 板(PYB)。

📁 B_L475E_IOT01A	stm32/Makefile: Allow a board to config either 1 or 2 firmware sections.
📁 CERB40	stm32/boards: Update pins.csv to include USB pins where needed.
📁 ESPRUINO_PICO	stm32/Makefile: Allow a board to config either 1 or 2 firmware sections.
📁 HYDRABUS	stm32/Makefile: Allow a board to config either 1 or 2 firmware sections.
📁 LIMIFROG	stm32/Makefile: Allow a board to config either 1 or 2 firmware sections.
📁 NETDUINO_PLUS_2	stm32/boards: Update pins.csv to include USB pins where needed.
📁 NUCLEO_F091RC	stm32/boards/NUCLEO_F091RC: Enable USART3-8 with default pins.
📁 NUCLEO_F401RE	stm32/Makefile: Allow a board to config either 1 or 2 firmware sections.
📁 NUCLEO_F411RE	stm32/Makefile: Allow a board to config either 1 or 2 firmware sections.
📁 NUCLEO_F429ZI	stm32/can: Allow CAN pins to be configured per board.
📁 NUCLEO_F446RE	stm32/Makefile: Allow a board to config either 1 or 2 firmware sections.
📁 NUCLEO_F746ZG	stm32/boards: Update pins.csv to include USB pins where needed.
📁 NUCLEO_F767ZI	stm32/boards: Ensure USB OTG power is off for NUCLEO_F767ZI.
📁 NUCLEO_H743ZI	stm32/system_stm32: Introduce configuration defines for PLL3 settings.
📁 NUCLEO_L432KC	stm32/boards/NUCLEO_L432KC: Specify L4 OpenOCD config file for this MCU.
📁 NUCLEO_L476RG	stm32/Makefile: Allow a board to config either 1 or 2 firmware sections.

图 1.3

📁 OLIMEX_E407	stm32/boards: Update pins.csv to include USB pins where needed.
📁 PYBLITEV10	stm32/Makefile: Allow a board to config either 1 or 2 firmware sections.
📁 PYBV10	stm32/boards: Add configuration for putting mboot on PYBv1.x.
📁 PYBV11	stm32/boards: Add configuration for putting mboot on PYBv1.x.
📁 PYBV3	stm32/boards: Update pins.csv to include USB pins where needed.
📁 PYBV4	stm32/can: Allow CAN pins to be configured per board.
📁 STM32F411DISC	stm32/boards: Update pins.csv to include USB pins where needed.
📁 STM32F429DISC	stm32/boards/STM32F429DISC: Enable UART as secondary REPL.
📁 STM32F439	stm32/can: Allow CAN pins to be configured per board.
📁 STM32F4DISC	stm32/boards: Update pins.csv to include USB pins where needed.
📁 STM32F769DISC	stm32/main: Add configuration macros for board to set heap start/end.
📁 STM32F7DISC	stm32/main: Add configuration macros for board to set heap start/end.
📁 STM32L476DISC	stm32/boards/STM32L476DISC: Enable external RTC xtal to get RTC working.
📁 STM32L496GDISC	stm32/boards: Add config files for new board, STM32L496GDISC.

图 1.4

　　请花费几分钟浏览 MicroPython Git 存储库，查看不同的架构和每个架构可用的电路板。打开 Web 浏览器，并选择喜欢的分销商，例如 Adafruit、Arrow、Digikey、Mouser 或 SparkFun，查看哪些电路板可用以及它们的一些关键功能。实际上，创建一个简单的表格并记录这些参数会很有用，这样以后可以回来选择适合项目的正确开发板。例如，开发人员可能想跟踪以下参数。

- ❏　开发板的名称。
- ❏　所用的处理器。
- ❏　闪存。
- ❏　内存。
- ❏　处理器速度（记住，更高的时钟等于更多的能量消耗）。
- ❏　值得注意的板载特性。

　　对此，笔者整理了一张表格，其中包括可用于本书项目的开发板，如表 1.1 所示。在查看该表时，请注意可用功能和内存之间的巨大差异。MicroPython 可以在资源受限的设备上运行，最少需要 128KB 的闪存（或更少）。表 1.1 列出了已支持 MicroPython 的开发板。

表 1.1

开发板	处理器	闪存/KB	内存/KB	板载特性
PYB V4	STM32F405RG	1024	192	加速度计、SD 卡、LED、用户和重置开关
Adafruit HUZZAH ESP8266	ESP8266	1024	80	无线网络
BBC micro:bit	MKL26Z128VFM4	128	16	加速度计、低功耗蓝牙、磁力计、用户开关
IoT Discovery Board	STM32L4	1024	128	加速度计、气压计、蓝牙、陀螺仪射频、麦克风、磁力计、湿度传感器、温度传感器
NUCLEO_F429ZI	STM32F429ZI	2048	256	LED 和用户开关
NUCLEO_F746ZG	STM32F746ZG	512	230	LED 和用户开关

　　读者可能已经注意到，表 1.1 中有相当多的开发板是 STM32 设备。其原因在于，笔者非常熟悉 STM32 家族，并在专业开发工作中使用它（以及许多其他架构）。虽然笔者与许多不同的微控制器供应商合作，但 STM32 是 MicroPython 的旗舰产品，因此它拥有最多支持的功能，并且是一个非常好的选择。

ℹ️ **注意：**

　　我们正在考查已有的开发板，以便为本书开发项目。开发人员很可能计划开发自己的定制开发板，而打算创建的开发板可能不存在，但是可以找到支持处理器以及相关功能的开发板。

　　在后续章节中，我们将介绍如何创建自己的定制开发板。

1.4.3　利用 KT 矩阵选择开发板

　　KT 矩阵是笔者最喜欢的决策工具之一。对于可能存在团队争论的工程决策，或者想要消除个人偏见的客观决策，笔者都创建了 KT 矩阵。

　　KT 矩阵是一种决策技术，它使用决策矩阵在可能的替代解决方案之间强制排序（https://www.projectmanagement.com/wikis/233054/Forced-Ranking--A-K-A---Kepner-Tregoe--Decision-Matrix-）。开发人员可以确定用于做出决策的标准，并为每个标准的重要性提供权重。然后，团队的每个成员（甚至是一个人的团队）都可以客观地对一个选项在多大程度上符合该标准进行排名。一旦对每个标准进行排序，就会计算权重并得出一个数值。值最高的选项是最符合标准的客观选择。

　　接下来将使用该技术选择开发板。在选择开发板时，需要考虑几个不同的标准。例如，可能需要查看以下内容。

　❑　开发板的成本（遗憾的是，这通常是大多数开发者和团队考虑的第一个也是唯一的标准，这是有缺陷的）。

　❑　开发板的功能。

　❑　处理器时钟速度和内存。

　❑　开发板的社区支持。

　❑　可用的开发板的示例。

　❑　被连接设备的现有库和功能。

　❑　是否易于扩展。

　　可以想象，最终的可选标准可能很多，也可能很少。

　　一旦确定了要考虑哪些标准，即可将其放在电子表格的第一列中。在第二列中，将列出该标准的重要程度权重。笔者喜欢采用 1～5 的级别排名。其中，5 表示必不可少，1 表示基本上不重要。剩下的列用于列出团队中每个人的响应结果。

　　如果要为 3 个开发板和一个包含两名成员的团队建立这样的矩阵，得到的矩阵如图 1.5 所示。在这个例子中，团队要评估成本、生态系统、电路开发板特性以及工程师等不同方面上，不同开发板之间的比较情况。

	Criteria	Weight	PYB V4			BBC micro:bit			IoT Discovery Board		
			Rating 1	Rating 2	Weighted Rating Total	Rating 1	Rating 2	Weighted Rating Total	Rating 1	Rating 2	Weighted Rating Total
Cost	Development Board	5	5	5	50	5	5	50	4	4	40
	External Sensors	5	3	4	35	3	3	30	5	5	50
	Lowest cost to get up to speed (Training)	3	5	5	30	5	5	30	5	5	30
EcoSystem	Highest adoption rate in target industry	4	5	5	40	4	4	32	3	3	24
	Most architectures supported	4	5	5	40	3	3	24	5	5	40
	Largest and most vibrant forum community (fast to respond)	3	5	5	30	4	4	24	4	5	27
	Fastest technical support available	4	4	4	32	4	4	32	4	4	32
	Highest quality professional training available	3	3	3	18	3	3	18	3	3	18
	Example projects and source available	5	5	5	50	4	3	35	4	3	35
Features	Accelerometer	5	5	5	50	5	5	50	5	5	50
	Magnetometer	3	0	0	0	5	5	30	5	5	30
	Temperature Sensor	3	3	3	18	0	0	0	5	5	30
	Humidity sensor	3	0	0	0	0	0	0	5	5	30
	Wi-Fi onboard	5	0	0	0	5	5	50	5	5	50
	Bluetooth	5	0	0	0	0	0	0	5	5	50
	Arduino headers	5	0	0	0	5	5	50	5	5	50
Engineer	Least amount of stress to implement	2	4	4	16	4	4	16	4	4	16
	Most fun / interesting	1	3	3	6	5	3	8	5	3	8
	Minimized labor intensity	5	4	5	45	5	5	50	5	5	50
	Least deadline constrained to get up to speed	3	4	4	24	4	4	24	4	4	24
	Most internal resources available	2	3	3	12	3	3	12	3	3	12
	Total	78	66	68	496	76	73	565	93	91	696
			PYB V4			BBC micro:bit			IoT Discovery Board		

图 1.5

每个方面都被细分为小的子主题。例如，正在评估的开发板特点可能包括以下内容。

❑　加速度计。

❑　磁力计。

❑　温度传感器。

❑　湿度传感器。

❑　无线网络。

❑　蓝牙。

❑　屏蔽头。

这些不一定是开发板上所有的重要内容。相应地，可以使用权重来调整重要性。KT 矩阵旨在评估哪一种开发板最适合虚拟应用程序。

每个团队成员都有机会审查标准并进行评分。从图 1.5 中可以看到，在这个虚构的例子中，IoT Discovery 开发板胜过其他开发板。这并不是因为 IoT Discovery 开发板更好，而是仅基于虚拟应用程序的要求它表现得更好。

1.5　MicroPython 的开发过程和策略

使用 MicroPython 开发嵌入式软件可能与使用 C/C++开发软件有很大的不同，但是，许多经过考验的开发技术和流程仍然适用。例如，当开发 MicroPython 应用程序时，软件开发生命周期（software development life cycle，SDLC）并没有因为使用不同的编程语言而改变。

软件开发生命周期定义了开发人员在开发软件时应遵循的最佳实践。这些过程通常分为以下 5 个主要类别。

- ❏　需求。
- ❏　设计。
- ❏　实现。
- ❏　测试。
- ❏　维护。

有两个非常好的资源可供查阅，它们提供了开发软件时应该遵循的最佳实践，以及相应的过程和策略的全面概述。只需进行简单的网络搜索，即可免费获得这些资源。第一个资源是 IEEE 软件工程知识体系（SWEBOK）。SWEBOK 可以从 IEEE 免费下载，它涵盖了工程师在开发软件时应该遵循的最佳实践、过程和策略。

另一个资源是 Renesas 推出的 Synergy 软件质量手册，该手册是开发者创建 Renesas Synergy™平台时开发的，并描述了他们开发和验证其软件的过程。这个文档包含了一些重要内容，无论是专业人士还是初学者都会发现其中的内容非常有趣，并且值得他们在自己的软件开发过程中实施。

当读者阅读本书时，无论是跟随项目还是根据相关材料实施自己的项目，都必须遵循一些操作过程和策略，如下所示。

- ❏　使用修订控制。
- ❏　明确记录软件的内容。
- ❏　利用读取—求值—输出循环（REPL）串行接口。
- ❏　了解固件更新过程。

在本书中，我们将进一步演示和讨论这些内容，现在我们先花费一点儿时间对其进行简要讨论。

在开始任何项目之前，强烈建议为项目创建一个修订控制存储库，如流行的在线存储库 GitHub 或 Bitbucket。我们想要使用修订控制系统的原因是，随着软件的开发，我们希望能够保存处于工作顺序的代码库的快照。如果我们破坏了代码中的某些内容，如不小心删除了它，或者发现了一个漏洞，则可以使用版本控制系统将代码恢复到一个已知的基础版本，或者将代码与以前的版本进行比较以查找漏洞。

可能会有两种不同类型的项目需要创建一个存储库，即内核代码和应用程序代码。

管理内核代码可能会很麻烦，因为必须从 MicroPython 的主线上提取，我们所做的任何修改都需要被推回并被批准进入内核，或者需要将主线中的更新管理回自己的版本。正如所想象的那样，这可能会很混乱。我们将在创建自己的 MicroPython 开发板时讨论管理这一问题的最佳做法。

当处理应用程序代码时，我们还希望确保清楚地记录了软件。Python 是一种易于阅读的语言，但使用它也很容易编写出令人困惑和难以理解的代码。对此，要确保在开发软件时包含代码注释，以帮助开发者理解代码的功能。编写软件时这是有意义的，但是一周、一个月或一年后，这些代码很容易变得毫无意义。

就个人而言，笔者更喜欢使用与 Doxygen 兼容的注释来记录所有的 Python 代码。Doxygen 是一个工具，可以通过解析以非常特殊的方式进行注释的源文件来生成软件文档。关于 Doxygen，超出了本书的讨论范围，建议读者查看 Doxygen 网站，并查阅笔者的 Doxygen 文章和免费模板，这些文章和模板可以从 www.beningo.com 下载。另外，也可以查阅笔者所著的《可复用的固件开发》（*Reusable Firmware Development*）第 5 章——用 Doxygen 记录固件，以全面了解如何将 Doxygen 用于嵌入式软件开发。

如前所述，REPL 是一个交互式 MicroPython 提示符，允许开发人员访问运行 MicroPython 的开发板并与之交互。图 1.6 为一个显示 MicroPython 提示符的 REPL 示例。REPL 允许开发人员从 MicroPython 提示符中工作，测试 API 和函数，或者执行他们的应用程序脚本，以便开发板可以自主运行。REPL 还可以用于传输文件和执行高级功能。在本书中，我们将使用 REPL 来测试模块并执行特定的编程。

```
MicroPython v1.9.4-788-gf874e8184 on 2019-01-24; PYBv1.0 with STM32F405RG
Type "help()" for more information.
>>> 
```

图 1.6

讨论 REPL 超出了本书的范围。如果读者目前对 REPL 不熟悉，强烈建议读者查阅 MicroPython 教程和文档，全面理解可以通过 REPL 完成什么。REPL 向开发人员提供了一个交互式 Python 终端，用于与内核模块和脚本进行交互。

最后，MicroPython 应用程序的固件更新非常简单。Python 应用程序代码在闪存内部以纯文本格式存储，或者在 SD 卡或 eMMC 设备上以外部形式存储。更新应用程序只需要开发人员将其最新代码复制到开发板上即可。更新固件的一般过程如下所示。

（1）停止所有正在执行的线程和应用程序。

（2）复制新文件到开发板中。

（3）按 Ctrl + D 组合键执行软复位。

届时，新的固件被安装，开发板的内存和外设已被设置回默认状态。接着可以通过提示符输入命令，或者配置应用程序以自动启动。一些端口具有 USB，而另一些端口则只有串行接口，一些端口还提供开发人员进行无线（Wi-Fi）升级的能力。我们甚至可以将应用程序编译成内核代码，这通常称为冻结（frozen）。我们甚至可以将应用程序模块转换为字节码（.mpy 文件）并将其放置在文件系统中。我们将在本书中讨论所有这些细节。

1.6　有用的开发资源

在开发基于 MicroPython 的项目时，需要确保手头持有一些资源。在许多情况下，无论是对于业余爱好者还是专业开发人员，这些工具都是所需的，至少要购买或下载以下内容。

❑　公对母 6 "跳线（https://www.sparkfun.com/products/9140）。
❑　公对公 6 "跳线（https://www.sparkfun.com/products/8431）。
❑　母对母 6 "跳线（https://www.sparkfun.com/products/8430）。
❑　终端应用程序，如 Tera Term 或 PuTTY。
❑　高速的微型 SD 卡（如果开发板支持）。

这里，强烈建议读者购买一个逻辑分析仪，如 8 通道 Saleae Logic。此外，使用 SPI/I2C 总线工具（如 Total Phase Aardvark）可以节省大量时间来测试和理解与微控制器集成的不同传感器和 IC。对 MicroPython 内核开发感兴趣的开发人员也会想要选择一个良好的调试器，如 SEGGER J-Link 或 Keil U-Link。

就开发板而言，每个项目都会描述用于创建项目的特定开发板。这些开发板可能因项目的不同而不同，但源代码是完全可用的，只要稍加努力，就可以修改为适用于任何可用的开发板。笔者喜欢使用不同的开发板进行工作和实验，所以在本书中我们将使用几种开发板进行操作。毫无疑问，这部分内容源于笔者作为顾问的经历，笔者经常评估和分析目前行业中可用的内容，并确定行业的发展方向。

1.7　本章小结

Python 因其简单性、易于学习、易于扩展和能够适应不断变化的行业条件而席卷了软件世界。通过 MicroPython，Python 找到了进入微控制器应用程序资源受限环境的方法。

在本书的其余部分，我们将探索如何通过具体项目来学习和利用 MicroPython 进行 DIY 和产品项目开发。

　　完成和理解本书中的项目所需的技能水平有所不同。无论是编程新手还是熟练的专业人士，本书都会指导读者了解完成项目所需的设计过程。此外，笔者将定期指出一些有用的资源，以了解那些可能不属于本书范围但对完成项目有帮助的主题。

　　在第 2 章中，我们将研究可以用于实时调度的几种技术，并设计自己的协作调度程序。

1.8　本章练习

1．Python 的哪些特点使其成为在嵌入式系统中使用的竞争性选择方案？

2．MicroPython 与哪 3 个用例很匹配？

3．使用 MicroPython 应该评估哪些商业影响？

4．MicroPython 最支持哪种微控制器结构？

5．什么决策工具可以用来消除个人的偏见？

6．构成 SDLC 的 5 个类别是什么？

7．REPL 中的哪个组合键会执行软复位？

8．开发一个 MicroPython 项目需要哪些工作台资源？你目前是否缺少相关资源？

1.9　进一步阅读

1．ASPENCORE 嵌入式系统调查，2017 年，www.embedded.com。

2．了解如何使用 KT 矩阵，对应网址为 https://www.projectmanagement.com/wikis/ 233054/Forced-Ranking--A-K-A---Kepner-Tregoe--Decision-Matrix-。

3．Jacob Beningo 编写的 *Reusable Firmware Development*。

4．MicroPython tutorials for the pyboard，对应网址为 https://docs.micropython.org/ en/latest/pyboard/tutorial/index.html。

第 2 章　管理实时任务

嵌入式系统需要一种方式调度各项互动，并以高效、确定的方式响应事件。MicroPython 向开发人员提供了多种方法完成任务调度。

本章将介绍开发人员最常用的方法，以及如何使用 uasyncio 调度自己的实时任务。本章主要涉及下列主题。

❑　实时调度的需求条件。

❑　MicroPython 调度技术。

❑　使用 asyncio 的协同多任务处理。

2.1　技　术　需　求

读者可访问本书的 GitHub 储存库查看本章的示例代码，对应网址为 https://github.com/PacktPublishing/MicroPython-Projects/tree/master/Chapter02。

为了运行示例，需要使用下列硬件和软件。

❑　Pyboard Revision 1.0 或 1.1。

❑　Pyboard D-series。

❑　终端应用程序（如 PuTTY、RealTerm 或 Terminal）。

❑　文本编辑器（如 VS Code 或 PyCharm）。

2.2　实时调度的需求条件

实时嵌入式系统是具有特定用途的系统。实时系统可以独立运行，也可以是大型设备的组件或子系统。实时系统通常是事件驱动的，并且在给定相同的初始条件时必须产生相同的输出和时间。实时系统可以使用微控制器系统构建，该微控制器系统使用裸机调度程序或实时操作系统（RTOS）调度其所有系统任务。或者，它可以使用片上系统（SoC）或现场编程门阵列（FPGA）构建。

嵌入式系统不一定都是实时系统。使用 Raspbian 或 Linux 的应用程序处理器（如 Raspberry Pi）就不是实时系统，因为对于给定的一组输入，虽然系统可能给出相同的输出，但由于系统的多任务特性，所花费的时间可能会有很大差异。通用操作系统经常中断任务来处理与操作系统相关的功能，这导致计算时间是可变的和不确定的。

以下几个特征可以用来识别实时嵌入式系统。

- ❑　由事件驱动，因为它们不轮询输入。
- ❑　确定性。当给定相同的初始条件时，它们在相同的时间范围内产生相同的输出。
- ❑　在某种程度上受到资源限制，如时钟速度、内存或能耗。
- ❑　使用专用的基于微控制器的处理器。
- ❑　可以使用 RTOS 来管理系统任务。

实时系统可分为两类：软实时系统和硬实时系统。这两类实时系统都要求系统以确定性和可预测性的方式执行。然而，它们在错过截止日期后的处理方面有所不同。错过截止日期的软实时系统会让用户觉得很烦。错过截止日期虽然不是致命的，但是可能会减少系统在截止日期后的实用性。相比之下，硬实时系统在截止日期后其实用性将极大地降低，并导致致命的系统故障。

软实时系统的一个例子是带有触摸控制器的人机界面（HMI），它正在控制家用加热炉。这里可能存在一个截止期限，系统需要在屏幕被触摸后的 1s 内响应用户输入。如果用户触摸屏幕，而系统没有在 3s 或 4s 内响应，结果虽然不会导致"世界末日"，但是可能会使用户抱怨系统的速度太慢了。

硬实时系统可能是一个电子制动系统，需要在 30ms 内对用户踩下刹车踏板做出反应。如果用户踩下刹车，而刹车需要 2s 才能做出反应，那么结果可能非常关键。系统响应失败可能会对用户造成伤害，并大大降低嵌入式系统的实用性。

另外，有可能出现一种硬性和软性要求混合的嵌入式系统。嵌入式系统中的软件通常根据功能和时间要求被细分为不同的任务。我们可能会发现，一个系统的用户界面被认为具有软实时性要求，而执行器控制任务必须具有硬实时性要求。正在建立的系统的类型往往会影响解决方案中使用的调度器的类型。

接下来讨论 MicroPython 可以用来实现实时性能的不同调度架构。

2.3　MicroPython 调度技术

当涉及使用 MicroPython 进行实时调度时，有 5 种常见的技术可供开发者采用，如下所示。

- ❑　轮流调度。
- ❑　使用定时器的周期性调度。

❑ 事件驱动的调度。

❑ 合作式调度。

❑ MicroPython 线程。

在后续章节中，我们将对此加以详细讨论（顺序略有不同）。在本章的其余部分，我们将建立相应的示例项目来考查这些调度范式。在本章的最后，还将对 uasyncio 库进行特别处理，它是 MicroPython 中一个强大的调度库。

2.3.1 轮流调度

轮流调度只不过是用 while 循环创建的无限循环。在循环中，开发人员添加他们的任务代码，然后依次执行每个任务。虽然循环是最容易实现的调度范例，但是开发人员在使用它时会遇到几个问题。首先，让应用程序任务以正确的速率运行可能很困难。从应用程序中添加或删除的任何代码都将导致循环计时的更改。这样做的原因是现在每个循环都有或多或少的代码要执行。其次，每个任务都必须设计成能够识别其他任务，这意味着它们不能阻塞或等待事件。另外，它们必须进行检查，然后继续前进，以便其他代码有机会使用处理器。

轮流调度还可以与中断一起使用，以处理系统中可能发生的任何实时事件。循环处理所有软实时任务，然后将硬实时任务分配给中断处理程序。这有助于提供一种平衡，确保在合理的时间内执行每种类型的任务。对于那些只是试图启动和运行一个简单应用程序的初学者来说，轮流调度是一种很好的技术。

如前所述，添加或删除代码会影响循环时间，从而影响系统的执行。轮流调度程序可以处理软实时任务。任何事件或硬实时需求都需要使用中断来处理。笔者经常将轮流调度称为带有中断的循环调度。图 2.1 显示了带有中断的轮流调度的流程图。

主循环常常被称为后台循环。当没有中断执行时，该循环会在后台不停地进行。中断本身被称为前台，处理系统需要处理的任何硬实时事件。这些功能比后台任务更重要，运行速度更快。值得注意的是，MicroPython 负责为开发人员清除中断标志，因此，虽然它们在图 2.1 中显示，但是这个细节是由 MicroPython 内核抽象并处理的。

在 C 语言中，使用轮流调度的应用程序如下所示。

```
int main (void)
{
  // Initialize the Microcontroller Unit (MCU) peripherals
  System_Init();
  while(1)
  {
```

```
    Task1();
    Task2();
    Task3();
}
// The application should never exit. Return 1 if
// we do reach this point!

    return 1;
}
```

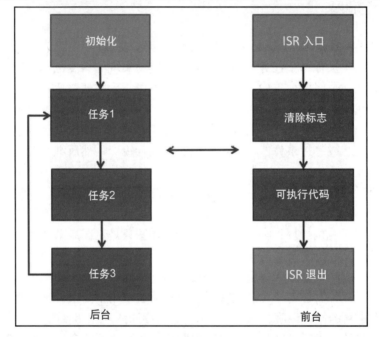

图 2.1

在这个例子中，代码进入 main()函数，初始化微控制器，然后进入一个无限 while 循环，按顺序调用每个任务。这是每个嵌入式软件开发人员在其职业生涯的早期都会看到的设计模式，并且应该非常熟悉。

MicroPython 中的轮流调度实现也十分类似。

（1）MicroPython 的应用程序入口位于 main.py 中。要访问任何外设，pyb 库需要被导入应用程序中（对于可以跨 MicroPython 端口移植的代码，则需要导入机器库）。

（2）任何初始化函数和任务函数都需要在 main 循环上面定义。这确保了它们在被 Python 解释器调用之前被定义。

（3）使用 while True 语句创建一个无限循环。每个已定义的任务都进入这个循环。循环的时间可以使用 pyb.delay() 来控制和调优。

下面讨论一个生成 LED 铁路灯模式的应用实例。从硬件角度看,这需要使用 Pyboard 上的两个 LED,如蓝色和黄色的 LED(在 Pyboard D-series 上,可能会使用绿色和蓝色的 LED)。当向 Pyboard 保存新代码时,红色 LED 用来显示文件系统正在被写入,而我们不想干扰这个指示灯。如果打算让一个 LED 灯亮而另一个灯灭,然后来回切换,则需要初始化蓝色 LED 灯为亮,黄色 LED 灯为灭。然后可以创建两个单独的任务,一个用来控制黄色 LED,另一个用来控制蓝色 LED。对应的 Python 代码如下所示。

```
import pyb                # For uPython MCU features
import time

   # define LED color constants
LED_RED = 1
LED_GREEN = 2
LED_BLUE = 3
LED_YELLOW = 4

def task1():
    pyb.LED(LED_BLUE).toggle()

def task2():
    pyb.LED(LED_GREEN).toggle()
```

然而,在我们初始化 LED 和调度任务运行之前,该应用程序并不完整。下面的代码显示了 LED 铁路应用程序的初始化和任务的执行是使用轮流调度编写的。其中,main 循环被延迟了 150ms,每个循环也使用 time 模块的 sleep_ms() 方法。导入 time 实际上是导入 utime 模块,但导入 time 可以使移植代码更容易一些。

```
# Setup the MCU and application code to starting conditions
# The blue LED will start on, the yellow LED will be off
pyb.LED(LED_BLUE).on()
pyb.LED(LED_GREEN).off()

# Main application loop
while True:
   # Run the first task
   task1()

   # Run the second task
```

```
task2()

# Delay 150 ms
pyb.delay(150)
```

这两个代码块结合在一起，即提供了第一个 MicroPython 应用程序。将 main.py 脚本复制到开发板上，可以在 Pyboard 上运行应用程序。这可以通过 Python IDE（如 PyCharm）直接完成，也可以使用以下步骤手动完成。

（1）将 Pyboard 通过 USB 线连接至计算机上。

（2）打开 Terminal 应用程序，并连接至 Pyboard 上。

（3）在串口终端中，按 Ctrl + C 组合键中断当前正在运行的脚本。

（4）将脚本复制到 Pyboard USB 驱动器。在复制过程中，红色 LED 会亮起。

（5）一旦红灯熄灭，Pyboard 闪存系统将被更新。

（6）在终端中按 Ctrl + D 组合键执行软复位。

随后应该看到蓝色和绿色的 LED 来回切换。

2.3.2　使用定时器的周期性调度

可能存在这样的应用程序，其中每个需要执行的任务都是周期性的。例如，需要每 10ms 采样一次的按钮；需要每秒更新 60 次的显示器；传感器以 10Hz 采样；当值超出范围时中断。在纯周期系统中，开发人员可以构建他们的软件，使用周期计时器来执行任务。对此，可以将每个计时器设置为表示以所需速率执行的单个任务。当定时器中断触发时，任务执行。

当使用周期性定时器进行任务调度时，一定要记住任务代码将从中断处理程序中执行。开发人员应该遵循使用中断的最佳实践方案，如下所示。

❑ 保持 ISR 短而快。

❑ 执行测量以了解中断时间和延迟。

❑ 使用中断优先级设置来模拟抢占。

❑ 确保将任务变量声明为 volatile。

❑ 避免从 ISR 调用多个函数。

❑ 尽可能少地禁用中断。

❑ 使用 micropython.schedule() 来调度一个函数，使其在 MicroPython 调度程序能够执行时立即执行。

当使用周期性计时器来调度任务时，这些最佳实践中的一些方案可能会略有改变。

然而，如果开发人员仔细地监控他们的任务时间，那么改变规则应该不是问题。如果是这样的话，那么任何硬实时活动都可以由中断任务处理，然后可以通知一个轮询循环在稍后的时间完成对任务的处理。

计时器保证了任务将在一个固定的时间间隔内被执行，无论正在执行什么任务，除非一个更高优先级的中断正在执行。关键是要记住，这些任务是在一个中断中执行的，所以任务需要保持简短而快速。使用这种方法的开发者应该在任务中处理任何高优先级的活动，然后将任务的其余部分卸载到后台。例如，一个通过通用异步接收器/传输器（UART）设备处理传入字节的任务，可以通过将传入字节存储在一个循环缓冲器中来处理，然后让后台任务稍后处理该循环缓冲器。这样可以使中断任务保持短小精悍，同时允许在后台进行低优先级的处理。

MicroPython 中的中断也很特殊，因为它们是垃圾收集器（gc）锁定的。对于开发人员来说，这意味着不能在 ISR 中分配内存。所有内存、类等都需要在 ISR 使用之前进行分配。这有一个有趣的副作用，如果在执行 ISR 时出现了问题，开发人员无法知道哪里出了问题。为了在无法分配内存的情况下获得回溯信息，如在 ISR 中，开发人员可以使用 MicroPython 紧急异常缓冲区。这是通过在 main.py 或 boot.py 的顶部添加以下代码来完成的。

```
micropython.alloc_emergency_exception_buf(100)
```

上述代码用于分配 100B 来存储 ISR 的回溯信息，以及在无法分配内存的区域中出现的任何其他回溯信息。如果发生异常，Python 回溯信息将保存到此缓冲区，然后输出至 REPL。这使开发人员能够找出问题所在并加以纠正。MicroPython 文档推荐使用 100B 作为缓冲区大小。

在考虑为任务使用计时器时，同样重要的是要认识到，每次在 Arm Cortex®-M 处理器上触发中断时，从主代码切换到中断，然后切换回来，需要 12～15 个时钟周期的开销。产生这种开销的原因是，处理器需要在进入和退出中断时保存和恢复应用程序的上下文信息。好在这些转换虽然消耗时钟周期，但是是确定的。

将计时器设置为周期性任务与在 MicroPython 中为任何其他目的设置计时器完全相同。通过为应用程序中的每个任务初始化计时器，可以创建一个与轮流循环调度程序非常相似的应用程序。其中，第一个计时器将控制蓝色 LED，而第二个计时器将控制绿色 LED。每个计时器将使用任务代码的回调函数，该函数将在计时器到期时执行。

我们可以使用与前面完全相同的代码格式。其间将初始化蓝色 LED 为开启，绿色 LED 为关闭。这允许让计时器自由运行，并生成前面看到的铁路模式。值得注意的是，如果让计时器自由运行，即使在 REPL 中停止应用程序，计时器也会继续执行。这是因为计时器是硬件外设，即使退出应用程序并返回到 REPL，它也会一直运行，直到外设被禁用。之所以提到这一点，是因为添加到回调函数中的任何 print 语句将继续填充 REPL，即使在停止程序之后也是如此，这可能会使工作或确定应用程序的状态变得困难。

当使用计时器设置任务时，不需要采用像在轮流应用程序中的无限 while 循环。计时器会自由运行。如果没有将无限循环添加到 main.py 中，则后台处理将返回到系统 REPL 中，并留在那里。笔者个人仍然喜欢包含 while 循环和一些状态信息，以便知道 MicroPython 解释器是否正在执行代码。在本例中，我们将在主循环中放置一个睡眠延迟，然后计算应用程序运行了多长时间。

这里的 Python 代码与轮流循环示例类似，只是增加了紧急异常缓冲区，如下所示。

```
import micropython      # For emergency exception buffer
import pyb              # For uPython MCU
import time

micropython.alloc_emergency_exception_buf(100)

LED_RED = 1
LED_GREEN = 2
LED_BLUE = 3
LED_YELLOW = 4

def task1(timer):
    pyb.LED(LED_BLUE).toggle()

    return

def task2(timer):
    pyb.LED(LED_GREEN).toggle()

    return
```

我们没有直接调用任务代码，而是设置了两个定时器——定时器 1 和定时器 2，频率为 5Hz（周期为 200ms），并设置了回调函数来调用任务。对应代码如下所示。

```
pyb.LED(LED_BLUE).on()
pyb.LED(LED_GREEN).off()

# Create task timer for Blue LED
TimerBlueLed = pyb.Timer(1)
TimerBlueLed.init(freq=5)
```

```
TimerBlueLed.callback(task1)
print("Task 1 - Blue LED Toggle initialized ...")

# Create task timer for Green LED
TimerGreenLed = pyb.Timer(2)
TimerGreenLed.init(freq=5)
TimerGreenLed.callback(task2)
print("Task 2 - Green LED Toggle initialized ...")
```

本示例中唯一需要的代码是主循环代码，并输出应用程序运行的时长。对此，需要使用 time 模块的 ticks_ms()方法对应用程序开始时间进行采样，并将其存储在 TimeStart 中。随后可以使用 timeticks_diff()来计算当前时间点和应用程序开始时间点之间的经过时间。最后一段代码如下所示。

```
TimeStart = time.ticks_ms()

while True:
    time.sleep_ms(5000)
    SecondsLive = time.ticks_diff(time.ticks_ms(), TimeStart) / 1000
    print("Executing for ", SecondsLive, " seconds")
```

一旦代码在 Pyboard 上执行，REPL 应该显示如图 2.2 所示的信息。它显示了基于定时器的任务调度，并在 REPL 中输出当前执行时间，同时以 5Hz 的频率在蓝色和绿色 LED 之间切换。此处，我们知道如何使用计时器来调度周期性任务。

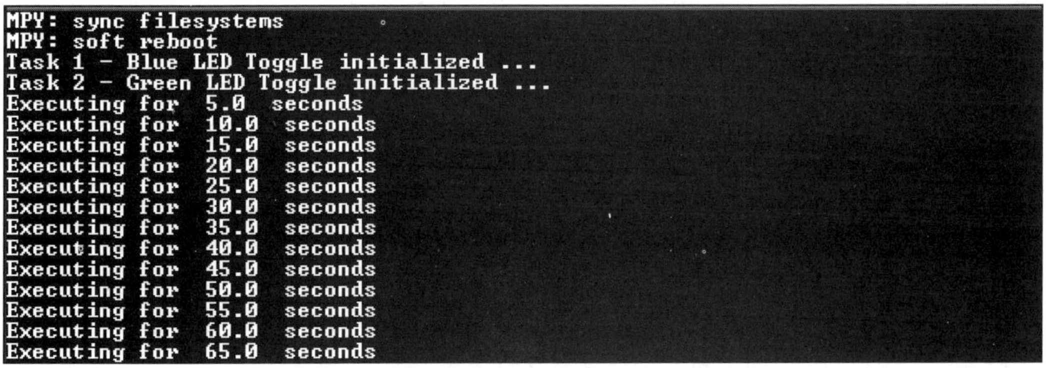

图 2.2

当前，我们已经准备好研究一些额外的调度范式，这些范式在 MicroPython 中并不完全是主流，如线程支持。

2.3.3　MicroPython 线程机制

开发人员调度任务的最后一种调度范式是 MicroPython 线程。在基于微控制器的系统中，线程本质上是任务的同义词。二者的细微差别超出了本书的范围。开发人员可以创建包含任务代码的线程。然后，每个任务可以使用几种不同的机制来执行它们的任务代码，例如：

❑　在队列中等待。
❑　使用延迟来等待时间。
❑　定期监测一个轮询的事件。

线程机制直接从 Python 3.x 中实现，并为开发人员提供了在其应用程序中创建单独任务的简单方法。重要的是要认识到 Python 线程机制不是确定性的。这意味着它对于开发具有硬实时需求的软件将没有用处。MicroPython 线程机制目前也是实验性的，并非所有 MicroPython 端口都支持线程，对于那些支持线程的端口，开发人员通常需要启用线程并重新编译内核才能访问提供的功能。

🛈 注意：
　　关于线程及其行为的额外信息，读者可参考本章结尾处的"进一步阅读"部分。

从 MicroPython 1.8.2 版本开始，MicroPython 即支持实验性线程模块，开发人员可以使用该模块创建单独的线程。由于以下几个原因，不建议刚开始使用 MicroPython 的开发人员使用线程模块。首先，默认情况下，MicroPython 内核中不启用线程。开发人员需要启用线程，然后重新编译和部署内核。其次，线程模块是实验性的，它还没有被移植到每个 MicroPython 端口。

既然线程不被官方支持，也不被推荐，我们为什么还要讨论它们呢？如果我们想了解 MicroPython 提供的不同调度机制，我们需要知道那些甚至是实验性的机制。所以，让我们深入讨论一下 MicroPython 的线程问题（在学会如何重新编译内核之前，可能无法运行一个线程应用程序，这将在第 5 章中完成）。

当开发者创建一个线程时，他们正在创建一个半独立的程序。回想一下一个典型的程序是什么样子的：它以一个初始化部分开始，然后进入一个无限循环。每个线程都有这样的结构。其中，有一部分内容用于初始化线程和它的变量，然后是一个独立的循环。循环本身可以通过使用 time.sleep_ms() 定期进行，也可以阻断一个事件，如一个中断。

1. 在 MicroPython 中使用线程的优点

从组织的角度来看，对于许多 MicroPython 应用程序来说，线程是一个不错的选择，尽管使用 asyncio 库也可以实现类似的行为（稍后讨论）。线程提供了几个优点，例如：

- ❏ 允许开发人员轻松地将程序分解成更小的组成部分，可以分配给各个开发人员。
- ❏ 帮助开发人员改进代码，使其具有可扩展性和可重用性。
- ❏ 为开发人员提供了一个小小的机会，通过将程序分解成较小的、不那么复杂的部分来减少应用程序中的错误。然而，如前所述，不熟悉如何正确使用线程的开发者可能会产生更多的漏洞。

2. 在 MicroPython 中使用线程时的注意事项

对于 Python 程序员来说，在 MicroPython 应用程序中使用线程之前，考虑潜在的后果是非常有意义的。开发人员需要考虑以下几个重要的因素。

- ❏ 线程不是确定的。当 Python 线程准备执行时，没有任何机制可以让一个线程在另一个线程之前执行。
- ❏ 没有真正的机制来控制时间切片。时间切片是指在当前准备执行的多个线程之间共享 CPU。
- ❏ 为了在应用程序中传递数据，开发人员可能需要在设计中增加额外的复杂性，如使用队列。
- ❏ 不熟悉设计和实现多线程应用程序的开发人员会发现，线程间通信和同步充满了陷阱和隐患。调试将花费更多的时间，新的开发人员将发现我们讨论的其他方法更适合他们的应用程序。
- ❏ 对线程的支持目前在 MicroPython 中处于实验阶段（参见 https://docs.micropython.org/en/latest/library/_thread.html）。
- ❏ 并非所有 MicroPython 端口都支持线程，因此应用程序的可移植性可能比预期的要差。
- ❏ 线程将比我们在本章讨论的其他技术使用更多的资源。

3. 使用线程构建任务管理器

尽管线程具有一些缺点，但对于了解如何在实时嵌入式系统中使用线程的开发人员来说，它是一个非常强大的工具。接下来研究如何使用线程实现铁路 LED 应用程序。开发应用程序的第一步是创建线程，就像我们在前面的示例中创建任务一样。在这种情况下，有几个关键的修改之处值得注意。

首先需要导入线程模块（_thread）。其次需要将线程定义为常规的函数声明。这里的不同之处在于，我们将每个函数视为一个单独的应用程序，并在其中插入一个 while

True 语句。如果线程退出无限循环，线程将停止操作，不再占用任何 CPU 时间。

　　在本例中，我们通过使用 time.sleep_ms()函数来控制 LED 切换时间，并将线程循环时间设置为 150ms，就像在前面的示例中所做的一样。对应代码如下所示。

```
import micropython    # For emergency exception buffer
import pyb            # For uPython MCU features
import time           # For time features
import _thread        # For thread support

micropython.alloc_emergency_exception_buf(100)

LED_RED = 1
LED_GREEN = 2
LED_BLUE = 3
LED_YELLOW = 4

def task1():
    while True:
        pyb.LED(LED_BLUE).toggle()
        time.sleep_ms(150)

def task2():
    while True:
        pyb.LED(LED_GREEN).toggle()
        time.sleep_ms(250)
```

　　我们可以像之前一样初始化系统，将蓝色 LED 初始化为亮，将绿色 LED 初始化为灭。此处线程应用程序的不同之处在于，我们想要编写一些代码，这些代码将派生出两个线程。这可以通过下面的代码完成。

```
pyb.LED(LED_BLUE).on()
pyb.LED(LED_GREEN).off()

_thread.start_new_thread(task1, ())
_thread.start_new_thread(task2, ())
```

　　可以看到，这里使用了_thread.start_new_thread()方法。该方法需要两个参数。第一个参数是当线程准备好运行时应该调用的函数。在本例中是 Led_BlueToggle 和 Led_YellowToggle 函数。第二个参数是一个元组，需要传递给线程。在当前情况下，我们没有参数要传递，所以只传递一个空元组。

　　在运行这段代码之前，需要注意的是，脚本的其余部分与计时器示例中的代码相同。我们为脚本创建一个无限循环，然后报告应用程序运行了多长时间。对应代码如下所示。

```
TimeStart = time.ticks_ms()

while True:
    time.sleep_ms(5000)
    SecondsLive = time.ticks_diff(time.ticks_ms(), TimeStart) / 1000
    print("Executing for ", SecondsLive, " seconds")
```

运行线程代码时的问题是，LED 不再以交替模式闪烁，需要多长时间？由于线程不是确定性的，随着时间的推移，这些线程有可能会失去同步状态，应用程序的行为也不再是所期望的结果。如果要运行这段代码，可以让它运行一段时间，超过几个小时、一天，甚至一个星期，然后观察应用程序的行为。

2.3.4　事件驱动调度

对于所开发的系统由事件驱动的开发人员来说，事件驱动调度是一种非常方便的技术。例如，系统可能需要响应用户按下的按钮、传入的数据包或执行器到达的限位开关。

在事件驱动的系统中，可能不需要周期性的后台计时器。系统可以使用中断来响应事件。事件驱动的调度可能包含常见的无限 while 循环，但是该循环在事件发生之前什么都不做或将系统置于低功耗状态。使用事件驱动系统的开发人员可以遵循我们之前讨论的中断最佳实践，此外还应该阅读有关 ISR 规则的 MicroPython 文档，该文档可以在 https://docs.micropython.org/en/latest/reference/isr_rules.html 找到。需要注意的是，当使用中断时，MicroPython 会自动为开发人员清除中断标志，以便简化中断的使用。

2.3.5　合作式调度

合作式调度器通常使用单个计时器来创建系统时间，然后调度器使用该时间来确定是否应该执行任务代码。合作式调度器为需要周期性、简单性、灵活性和可伸缩性的开发人员提供了完美的平衡。另外，它们也是迈向 RTOS 的基础内容。

到目前为止，我们已经研究了开发人员可以在 MicroPython 中使用的调度方法。稍后将讨论如何使用 asyncio 库来协同调度任务。该方法可能是 MicroPython 开发人员最常用的方法，因为它的灵活性和精确的计时超出了已经研究的其他方法。

2.4　使用 asyncio 的协同多任务处理

到目前为止，我们已经研究了如何在基于 MicroPython 的系统中使用轮询、计时器和线程来调度任务。虽然线程可能是最强大的调度选项，但是线程不是确定性的调度程序，也不适合大多数 MicroPython 应用程序。开发人员可以利用另一种调度算法来调度系统中的任务，即协同调度。

合作式调度程序，也称为协作多任务，基本上是一个轮询调度循环，它包括几种机制，允许一个任务将 CPU 交付给可能需要使用它的其他任务。开发人员可以微调应用程序的行为方式和任务的执行方式，而无须增加抢占式调度器所需的复杂性，就像 RTOS 中包含的那样。认为合作式调度程序最适合其应用程序的开发人员将确保他们创建的每个任务都能在任何其他任务执行之前完成，这是合作式调度器名称的来由。任务相互协作以确保所有任务都能够在其需求范围内执行其代码，但不受任何机制的时间限制。

开发人员可以开发自己的协作调度程序，MicroPython 目前提供了 asyncio 库，该库可用于创建协作调度任务并以有效的方式处理异步事件。在本章的其余部分，我们将研究 asyncio 以及如何在嵌入式应用程序中使用 asyncio 来进行任务调度。

2.4.1　asyncio 简介

asyncio 模块从 Python 3.4 之后开始加入 Python，并且一直在不断地发展。asyncio 用于处理 Python 应用中发生的异步事件，如访问输入/输出设备、网络，甚至数据库。与允许函数阻塞应用程序不同，asyncio 添加了协程的功能，在协程等待来自异步设备的响应时可以让 CPU 执行其他操作。

MicroPython 从 1.11 版开始通过 uasyncio 库在内核中支持 asyncio。MicroPython 以前的版本也支持 asyncio，但是必须手动添加库。这可以通过以下几种方式实现。

❑　将 usyncio 库复制到应用程序文件夹中。
❑　使用 micropip.py 下载 usyncio 库。
❑　如果有网络连接，使用 upip。

如果不确定 MicroPython 端口是否支持 asyncio，可在 REPL 中输入以下内容。

```
import usyncio
```

如果收到导入错误的提示，那么即可知道在继续后续操作之前需要安装库。Peter Hinch 编写了一份关于 asyncio 的优秀指南，其中包含安装库的说明，对应网址为 https://github.com/ peterhinch/micropython-async/blob/master/TUTORIAL.md#0-introduction。

值得注意的是，MicroPython 中对 asyncio 的支持是针对 Python 3.4 引入的功能，很少有 Python 3.5 或以上版本的 asyncio 库的功能被移植到 MicroPython 中，所以如果需要对 asyncio 做更深入的研究，请记住这一点，以避免进行数小时的调试。

asyncio 的主要作用是为开发人员提供一种技术，以一种高效的方式处理异步操作，

而不会阻塞 CPU。这是通过使用协程完成的，有时也称为 coros。协程是 Python 生成器
函数的专用版本，可以在到达返回之前暂停其执行，并间接将控制传递给另一个协程。
协程是一种为 Python 应用程序提供并发性的技术。并发基本上意味着可以拥有多个看似
同时执行的函数，但实际上它们是以协作的方式一次运行一个函数。这不是并行处理，
而是协作多任务处理，与其他同步方法相比，它可以显著提高 Python 应用程序的可伸缩
性和性能。

　　asyncio 背后的一般思想是，开发人员创建几个协同程序，这些协同程序将彼此异步
操作。然后使用调度任务的事件循环中的任务来调用每个协程。这使得协程和任务几乎
是同义词。事件循环将执行一个任务，直到它将执行权交还给事件循环或另一个协程。
协程可能会阻塞，以等待 I/O 操作，或者协程如果希望以周期性间隔执行，它可以简单地
休眠。但是，需要注意的是，如果协程是周期性的，则周期中可能会有抖动，这取决于
其他任务的时间，以及事件循环何时可以安排它再次运行。

　　从图 2.3 中可以看到协程工作方式的一般行为，它代表了 asyncio 库和协程协同使用
的概况。该图是 Matt Trentini 在 2019 年 Pycon AU 会议上关于 MicroPython 中的 asyncio
的演讲中所展示的示意图的修改版本。

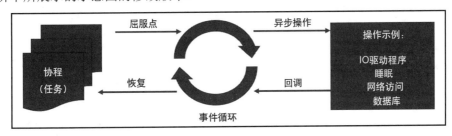

图 2.3

　　如图 2.3 所示，事件循环安排一个任务执行，该任务占用了 100%的 CPU，直到它达
到一个屈服点。屈服点是协程中的一个点，在这个点上会发生阻塞操作（异步操作），然
后协程愿意放弃 CPU，直到操作完成。此时，事件循环将安排其他协程运行。当异步事
件发生时，使用回调通知事件循环事件已经发生。然后，事件循环将原始协程标记为准
备运行，并在其他协程让出 CPU 后安排它继续运行。此时，协程可以恢复操作，但正如
我们前面提到的，在接收回调和协程恢复执行之间可能会间隔一段时间，这是不确定的。

　　接下来讨论如何使用 asyncio 并通过协作多任务机制重写 LED 应用程序。

2.4.2　基于协作多任务的 LED 示例

　　创建 LED 示例的第一步是导入 asyncio 库。在 MicroPython 中，不存在严格意义上的

asyncio 库，而是有一个 uasyncio 库。为了提高可移植性，许多开发者会将 uasyncio 导入应用程序的顶部，以便像导入 asyncio 库一样使用，如下所示。

```
import uasyncio as asyncio
```

接下来像之前那样定义 LED，如下所示。

```
LED_RED = 1
LED_GREEN = 2
LED_BLUE = 3
LED_YELLOW = 4
```

回忆一下，在编写一个基于线程的应用程序时，task1 如下所示。

```
def task1():
    while True:
        pyb.LED(LED_BLUE).toggle()
        time.sleep_ms(150)

def task2():
    while True:
        pyb.LED(LED_GREEN).toggle()
        time.sleep_ms(150)
```

回顾这一点很重要，因为创建协程将遵循类似的结构。事实上，为了告诉 Python 解释器任务是异步协程，需要在每个任务定义之前添加 async 关键字，如下所示。

```
async def task1():
    while True:
        pyb.LED(LED_BLUE).toggle()
        time.sleep_ms(150)
async def task2():
    while True:
        pyb.LED(LED_GREEN).toggle()
        time.sleep_ms(150)
```

这些函数现在是协程，但它们缺少非常重要的一点：一个屈服点。如果检查每个任务，可以发现我们真正希望协程在切换 LED 并将等待 150ms 时暂停。当前编写的这些函数的问题在于它们对 time.sleep_ms 进行了阻塞调用。我们想要使用 asyncio.sleep_ms 来更新此调用，并让解释器知道我们想在这一点上放弃 CPU。为此，我们将使用 await 关键字。

当协程到达 await 关键字时，它会告诉事件循环，已经到达了等待事件发生的执行点，并且愿意将 CPU 让给另一个任务。此时，控制权被交还给事件循环，事件循环可以决定下一步应该执行什么任务。使用这种语法，LED 应用程序的任务代码将更新为以下内容。

```
async def task1():
    while True:
        pyb.LED(LED_BLUE).toggle()
        await asyncio.sleep_ms(150)
async def task2():
    while True:
        pyb.LED(LED_GREEN).toggle()
        await asyncio.sleep_ms(150)
```

在大多数情况下，协程/任务函数的一般结构保持不变。不同之处在于，我们将函数定义为 async，然后在期望异步函数调用的地方使用 await。

此时，只需使用以下代码初始化 LED。

```
pyb.LED(LED_BLUE).on()
pyb.LED(LED_GREEN).off()
```

接下来创建事件循环。

为当前应用程序创建事件循环只需要 4 行代码。第一行代码将把 asyncio 事件循环分配给一个循环变量。接下来的两行代码创建任务，将协程分配给事件循环。最后，通知事件循环永远运行并执行协程。这 4 行代码如下所示。

```
loop = asyncio.get_event_loop()
loop.create_task(task1())
loop.create_task(task2())
loop.run_forever()
```

可以看到，我们可以创建任意数量的任务，并将所需的协程传递给 create_task()方法，以便使它们进入事件循环。此时，运行当前示例，可看到一个有效运行的 LED 程序，该程序使用协作多任务处理机制。

2.4.3　关于 asyncio 的进一步讨论

限于篇幅，我们无法介绍 MicroPython 应用程序中 asyncio 提供的全部功能。随着本书内容的深入，我们将在开发各种项目时使用 asyncio 及其附加功能。此处强烈建议读者查看 Peter Hinch 的 asyncio 教程，该教程介绍了如何使用 asyncio 协调任务、使用队列等。此外，读者还可在 https://github.com/peterhinch/micropython-async/blob/master/TUTORIAL.md#0-introduction 上找到相关教程和一些示例代码。

2.5　本　章　小　结

在本章中，我们探讨了多种不同类型的实时调度技术，这些技术可用于 MicroPython 项目。我们发现，MicroPython 开发人员可以利用许多不同的技术来安排应用程序中的活动。另外，每种技术都有其适用范围，并根据开发人员希望在其调度程序中包含的复杂性而异。例如，可以使用 MicroPython 线程，但 MicroPython 线程并非在每个 micropython 端口中都能得到充分支持，并且应被视为一项正在开发的功能。

在研究了几种技术之后，我们发现 asyncio 库可能是使用 MicroPython 的开发人员的最佳选择。asyncio 为开发人员提供了协作调度功能，以及以高效、非阻塞的方式处理异步事件的能力。这让开发人员浪费更少的周期，同时从应用程序中获得更多内容。

在第 3 章中，我们将探讨如何为一个简单的应用程序编写驱动程序，该应用程序使用一个按钮来控制 RGB LED 的状态。

2.6　本　章　练　习

1．什么特征定义了实时嵌入式系统？

2．MicroPython 常用的 4 种调度算法是什么？

3．在 MicroPython 中使用回调时，开发人员应该遵循哪些最佳实践？

4．将新代码加载到 MicroPython 板上应该遵循什么过程？

5．为什么开发人员要在应用程序中放置 micropython.alloc_emergency_exception_buf (100)？

6．什么原因可能会阻止开发人员使用_thread 库？

7．哪些关键字表明一个函数被定义为协程？

2.7　进　一　步　阅　读

1．https://www.smallsurething.com/private-methods-and-attributes-inpython/。

2．https://hackernoon.com/concurrent-programming-in-python-is-not-what-you-think-it-is-b6439c3f3e6a。

3．https://realpython.com/async-io-python/。

第 3 章 针对 I/O 扩展器编写 MicroPython 驱动程序

设计和实现驱动程序是嵌入式软件开发中的一项重要技能。无论驱动程序是用于内部外设还是用于外部传感器和输入/输出（I/O）功能，开发人员都需要设计和构建灵活且可扩展的驱动程序。

在本章中，我们将探讨如何实现一个使用外部 I/O 芯片与 RGB LED 按钮接口交互的项目，以正确设计驱动程序。我们将设计一个 MicroPython 驱动程序，使用外部芯片执行 I/O，并通过 Pyboard 的脉宽调制（PWM）通道驱动 RGB LED。

本章主要涉及下列主题。

❑ RGB 按钮 I/O 扩展器项目要求。

❑ 硬件和软件架构设计。

❑ 项目构建。

❑ 测试和验证。

3.1 技 术 需 求

读者可访问本书的 GitHub 存储库以查看本章的示例代码，对应网址为 https://github.com/PacktPublishing/MicroPython-Projects/tree/ master/Chapter03。

为了能够运行示例并构建自己的调度器，需要拥有以下硬件和软件。

❑ Pyboard Revision 1.0 或 1.1。

❑ RobotDyn I2C 8-bit PCA8574 I/O 扩展器模块或同等产品。

❑ Adafruit RGB Pushbutton PN: 3423 或同等产品。

❑ 一块面包板。

❑ 6"跳线 。

❑ 终端应用程序（如 PuTTY、RealTerm、Terminal 等）。

❑ 文本编辑器（如 PyCharm）。

3.2　RGB 按钮 I/O 扩展器项目要求

RGB 按钮 I/O 扩展器项目的主要目标是获得通过 MicroPython 为外部芯片开发驱动程序的经验。为了获得这种经验，我们将选择允许扩展 Pyboard 的 I/O 功能的硬件，并将一个 RGB 按钮连接到扩展的 I/O 上。在开始选择组件或编写任何代码之前，首先需要确定这个项目的要求。这里有两组不同的要求需要考虑：硬件和软件。下面分别研究每一组的要求。

3.2.1　硬件需求

RGB 按钮 I/O 扩展器项目的硬件要求相对宽松。正如在第 2 章看到的，我们可以列出具体需求，并在需求中定义想要的任何限制条件。总的来说，我们希望需求足够广泛，以便工程师可以根据自己的工程决策进行选择。我们不希望完全限制他们的选择，例如，不能强制指定特定的按钮或微控制器（尽管在本书中为了演示可能会这样做）。工程师应该能够审查需求，然后根据哪些技术和硬件能够满足他们的需求进行交易方面的研究。

针对按钮项目，可以定义一些简单的需求。

❑　硬件需要基于一个支持 MicroPython 的微控制器。

❑　需要用一个按钮来接收用户的输入。

❑　该按钮能够通过 RGB LED 显示多种颜色。

❑　硬件需要通过一个外部 I/O 扩展芯片来支持按钮，以便在 MicroPython 板上保留 I/O 供将来扩展。

其中，可以选择任何支持 MicroPython 的微控制器、自己的 I/O 扩展芯片，甚至是自己的按钮。该项目的硬件要求较为宽松，但并不是每个项目都是如此。

3.2.2　软件需求

RGB 按钮 I/O 扩展器项目的软件需求较为直观，如下所示。

❑　RGB LED 将在启动时显示红色，从占空比（duty cycle）为 0%开始，强度每 25ms 增加 2.5%，当占空比达到 100%时，强度将每 25ms 降低 2.5%，然后如此循环。

❑　RGB LED 会根据按下按钮的次数改变颜色。

➢　第 1 次按下：绿色。

➢　第 2 次按下：蓝色。

> ➤ 　第 3 次按下：白色。
> ➤ 　第 4 次按下：红色。
> ➤ 　第 5 次按下：重复模式。
- ❑ 编写两个可扩展和可重复使用的驱动程序。
  > ➤ 　一个 I/O 扩展器驱动程序。
  > ➤ 　一个 RGB 按钮驱动程序。

这些要求显示了需要实现的功能，我们把实现细节留给开发者判断。

3.3　硬件和软件架构设计

在项目的这个阶段，我们已经了解了项目的要求，现在将要开发硬件和软件架构。描绘架构的最好方法是绘制一张地图，它足够概括，为我们提供方向，但不提供足够的细节来限制方式。架构应该是灵活的，以便能够处理任何不断变化的需求。对此，我们将首先探索高层次的架构，然后进行详细的设计，并在下一节中构建项目。

3.3.1　硬件架构

当涉及硬件架构时，了解主要部分以及它们如何相互连接和交互的最佳方法是创建硬件框图。可以使用几种不同的方法生成框图。一种是使用原理图捕获工具，这也是笔者最喜欢的方法。这些工具通常具有高级组织元素，允许将示意图页表示为块。相应地，可以在块之间创建互连，然后显示块如何相互作用。这些工具还提供了一种简单的方法来导航原理图项目。Altium 是一个具有这些功能的工具，但是它是一个专业的开发工具，其成本可能超出了大多数个人可享受的范围。我们可以考虑用 Eagle 或 Altium CircuitMaker 替代。

另一种可以使用的方法是在程序（如 Microsoft PowerPoint）中创建方框图。虽然这种方法不如在原理图捕获程序中创建体系结构那么实用，但是它确实产生了一幅漂亮的图片，更容易在演示文稿和书籍中查看、分析、分发和使用。我们将在本书中使用这种方法。

RGB 按钮 I/O 扩展器项目的架构较为简单，其中包含 4 个元素。
- ❑ 按钮。
- ❑ RGB LED。
- ❑ I/O 扩展器。

❑   MicroPython 开发板。

在开发架构时，我们希望将这些组件放在图中，随后确定每个块的输入和输出。对应结果如图 3.1 所示。

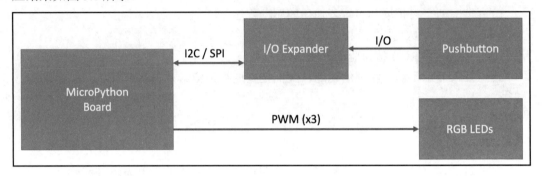

图 3.1

注意，在图 3.1 中没有列出具体的部分。此外，还限制了哪些接口正在被使用，并使用箭头来显示数据在系统中的流动。

3.3.2   详细的硬件设计

在了解了高级硬件架构后，接下来将开始深入探讨细节问题。第一步是进行交易研究并选择要在设计中使用的不同组件。由于这个项目只涉及 RGB 按钮和 I/O 扩展器，因此可首先指定已有的 MicroPython 硬件和 Pyboard。

接下来，需要检查可以与按钮一起使用的 I/O 扩展器。回顾一下项目要求，实际上不存在太多的限制，因此使用相应的最佳实践方案。为了限制使用的引脚数量并提供扩展设计的灵活性，我们将选择使用 I2C 总线的 I/O 扩展器。此外，还希望找到一个易于使用的 I2C 设备。在供应商网站（如 Digi-Key、Mouser、SparkFun 或 Adafruit）上搜索 I/O 扩展器，可能会发现 PCA8574。PCA8574 是一个 8 位 I/O 扩展器，其默认情况下将 8 个 I/O 线路设置为输入。它没有内部寄存器，这将显著简化软件实现。我们可以使用 PCA8574 的标准开发板或购买适配器板，但笔者发现 RobotDyn PCA8574AD I2C 8 位 I/O 扩展器模块对于扩展 I/O 模块而言具有很好的足印（footprint）和成本。

最后，需要选择 RGB 按钮。同样，项目对按钮没有任何要求。它不需要在汽车电压下工作，也不需要承受外部环境。开发者可以选择任何自己感兴趣的按钮。这里评估了两个按钮，接下来让我们详细地研究一下它们。

3.3.3　选择一个按钮

首先介绍的是 Schurter 公司的 3-101-399 RGB 按钮开关。它是一种单刀单掷电容式开关，配有所有引线，只需将其连接到 Pyboard 即可。由于开关使用电容技术，因此使用过程中不做物理运动。这使它在需要被重复按下并且通常会关注磨损的情况下表现良好。但是，如果要在戴手套的环境中使用它，则电容技术将无法发挥作用。

第二种按钮是 Adafruit Rugged Metal 按钮（产品 ID 3423）。该按钮支持的最大电压为 6V，它没有预先安装引线，因此需要稍做焊接，以便将其连接到开发板上。该按钮也是一种机械开关，但专为工业用途而设计，因为它不需要额外的电子元件来进行电容感应，其成本几乎是 Schurter 按钮的一半。

虽然这两种按钮看起来都能完美地适用于我们的应用，但是在真正深入了解组件的数据表后发现，Schurter 按钮为其 RGB LED 提供了一个恒定的电流源。这意味着，如果试图对 LED 进行 PWM 控制，板载电子器件实际上将平均化信号，并为 LED 提供一个稳定的亮度水平，也即将无法满足对 LED 的调光要求。 因此，Schurter 按钮虽然有趣，但不符合我们的要求。

3.3.4　I/O 扩展器原理图

至此，我们已持有所需的全部信息，接下来需要为项目绘制一份详细的示意图，如图 3.2 所示。

该设计相当简单。首先，Pyboard 通过 USB 或 VIN 引脚提供 5V 电压。5V 电源轨用于为 LED 和 RobotDyn PCA8574 供电。Pyboard 板载调节器还将此轨道转换为 3.3V 电源轨道，用作按钮电源。

接下来，LED 的负极，即阴极，被连接到 X1、X2 和 X3 引脚。这些引脚与一个内部计时器关联，可产生一个 PWM 信号。当这些引脚提供 100%的占空比时，LED 将关闭；提供 0%的占空比时，LED 将打开。虽然这看起来很落后，但是它是硬件组件的结果。为了在硬件中进行切换，可以在 LED 和 Pyboard 引脚之间放置一个晶体管，将信号反转。这也将允许更多的电流流过 LED，从而使 LED 更加明亮，但也有可能需要一个与二极管串联的限流电阻。为了尽量减少硬件，我们将在后面的软件中解决这个问题。

最后是 RobotDyn PCA8574。PCA8574 通过 X9 和 X10 与 Pyboard 连接，并且 I2C 从地址设置为其默认值 0x38（十进制 56）。如果还有其他 I2C 设备在板上，则可以根据需要调整地址。当松开并未按下按钮时，它会向 PCA8574 输入通道 0 提供 3.3V 电压，该电压被读取为高状态。这里使用了一个 220Ω 的电阻，它可以缩放到 1k～10k 来最小化泄漏电流，将电压拉到地面并显示它处于按下状态。

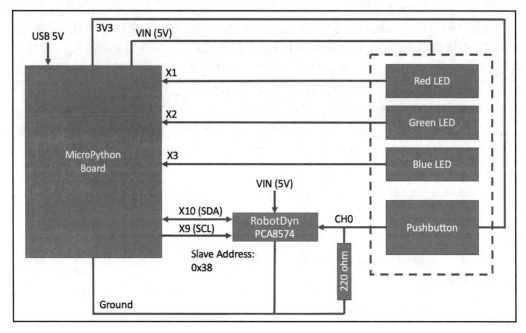

图 3.2

3.3.5　软件架构

为了开发软件，开发人员通常需要使用至少 3 种不同的图表。完整的图表列表可以在 UML 标准中找到（参见本章末尾的"进一步阅读"部分）。要创建按钮应用程序，我们需要使用 3 个图：

❑　应用程序流程图。

❑　状态图。

❑　类图（用于 API 和驱动程序设计）。

下面首先考查应用程序流程图，如图 3.3 所示。

最好的设计方法是保持简单。对于 RGB 按钮应用程序，只需要读取开关并定期更新 PWM 状态。开关特性可以在 25ms 内去抖动，以这个速率更新 PWM 占空比将低于人类感知阈值，因此它在变化时会具有平滑的外观。基于以上原因，我们只需使用一个简单的循环调度程序来完成我们的任务。

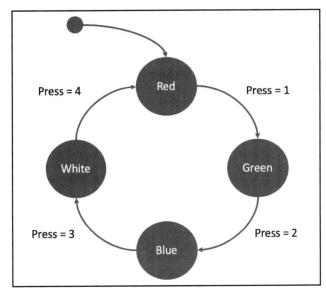

图 3.3

　　如图 3.3 所示，我们可以从初始化应用程序开始，然后进入主程序循环。这个循环读取按钮，然后处理其状态。如果按钮刚刚被释放，它将递增系统状态，这将显示在即将讨论的状态图中。在处理完按钮后，会产生一个新的 PWM 值并发送给 LED。

　　在这个阶段，读者可能开始意识到，流程图展示了应用程序的高级行为。作为设计师，我们可以决定要深入的细节程度。我们可以说这已经足够好了，然后转移到其他有用的图表，或者可以真正地深入每一个路径和分支中，以确定软件要采取的策略。对于当前项目，我们将把图表保持在一个较高的水平上，并让具体实现来填补细节内容。

　　如前所述，我们需要不止一幅图来充分理解所设计的软件。第二幅对开发者有用的图是状态图。这使我们能够把应用程序看作一系列发生的状态，以及从一个状态过渡到下一个状态的事件。图 3.4 显示了系统根据按钮被按下的次数在 RGB LED 上产生的不同状态。

　　如图 3.4 所示，应用程序将在红色 LED 亮起时启动。按下并释放一次按钮，红色 LED 熄灭，蓝色 LED 亮起。每次按下按钮都会改变 LED 颜色状态，直到红色状态重复。这里，可使用一个变量来跟踪按钮被按下的次数，然后改变显示的颜色。

　　为了理解软件及其组织方式，我们还要用到一幅图，即类图。在第 2 章中我们讨论了如何使用类图设计面向对象的结构以及定义 API。RGB 按钮应用程序的设计方式如图 3.5 所示。

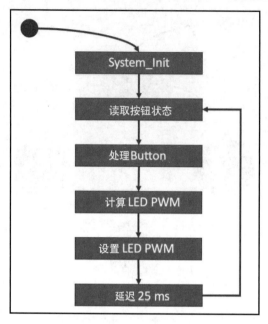

图 3.4

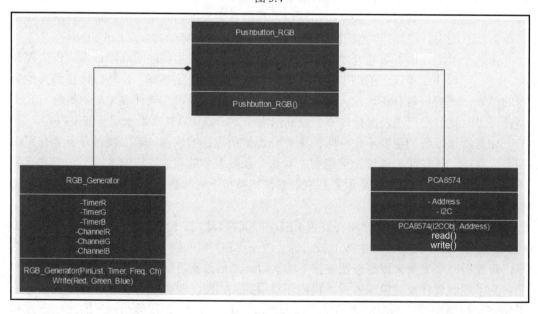

图 3.5

　　设计接口和驱动程序的方式是提供一个类，即 Pushbutton_RGB 类，该类是

RGB_Generator 和 RobotDyn PCA8574 类的组合。RobotDyn PCA8574 将处理与 I/O 扩展器的 I2C 通信，RGB_Generator 则处理 LED 的 PWM 生成。当组合在一起时，我们只需要关注两个函数。

首先，RGB_Set 接收 3 个占空比值，介于 0 和 100 之间，分别表示红、绿、蓝 LED。在实例化期间，类对象需要提供 LED 连接到的引脚列表、将用于生成 PWM 及其频率的计时器，以及将使用的 PWM 通道。这提供了为每个 LED 生成 PWM 所需的一切。

其次，read()方法将用于读取 I/O 扩展器上所有通道（8 个）的状态。这提供了一种快速简便的方法，可以通过最有效的方式获得通道的总体状态。

基于硬件和软件架构设计，可以开始构建项目并实现软件了。

3.4　项　目　构　建

当前，硬件和软件设计已经介绍完毕，接下来可以开始构建项目。我们可采用不同的方法构建项目。

首先，我们可以一次组装一块硬件，然后为这块硬件开发软件，一旦它可以工作，就可以增加其他的部件。这是一个很好的方法，也是在较复杂的项目中经常使用的方法，因为它允许我们只关注单一的功能。每个功能都可以被开发和测试，完成后再进行整合。

其次，我们可以完成硬件组装，然后开发软件。这种方法通常用于较小的项目，这些项目可能没有大量的移动部件。对于当前项目，我们将使用第二种方法，因为该项目只有外部 I/O 扩展器和按钮。

3.4.1　构建硬件

我们将使用面包板原型制作当前项目的硬件电路。这将使我们能够轻松地重新配置和调整硬件电路，而无须使用焊铁进行修改。无论项目是简单的还是复杂的，先在面包板上测试电路可以极大地提高第一版印刷电路板（PCB）按预期工作的可能性。

为了组装当前项目，建议收集本章技术需求部分列出的所有组件。同时，建议保持流程图（基于按钮被按下的次数，系统将在 RGB LED 上生成不同状态）随时可用。如前所述，原理图告诉我们需要进行连接的位置。使用面包板和跳线时，要认识到原型可能会比较凌乱。当开发硬件时，可以定制每条跳线并将导线紧贴着面包板铺设，以便随时查找连接，并使面包板看起来更专业。

如图 3.6 所示，采用预制跳线组装的原型的外观虽有些混乱，但它仍然是功能正常的并且能够完成工作。

图 3.6

在连接过程中，确保不要将 5V 输出连接至 3.3V 输入上，否则可能会损坏微控制器的引脚。一旦开发板组装完毕，即可准备实现软件。下面将针对 I/O 扩展器开发驱动程序。

3.4.2　构建 I/O 扩展器驱动程序

对于 PCA8574，我们将创建一个单独的文件，名为 PCA8574.py，其中包含 I/O 扩展器的所有驱动程序功能。我们将使用 RGB 按钮应用程序设计中的 PCA8574 类规范来指导驱动程序构建。

第一步是创建类定义和构造函数。这个类被命名为 PCA8574_IO，这样我们就有了一个关于芯片的描述。类初始化需要两条信息，分别表示初始化 I2C 总线的对象和 PCA8574 的从地址。如果有多个设备连接到应用程序，该类可以为不同的地址实例化多次。类的定义和初始化如下。

```
class Pca8574_Io:

    def __init__(self, i2c_object, slave_address):
        assert slave_address < 256, "Slave Address >= 256!"
        self.Address = slave_address
        self.I2C = i2c_object
```

注意，这里使用 assert 来检查 slave_address 参数是否在 0~255 的设计地址范围内。

断言最好包含在软件开发阶段。断言基本上是一种完整性检查，它在程序的特定点检查条件是否符合期望。如果答案是否定的，那么应用程序中就存在错误。另外，断言通常在产品的最终验证测试之前关闭。

一旦类被定义，我们需要实现 read() 和 write() 两个方法。这些方法允许应用程序直接与 PCA8574 I/O 扩展芯片进行交互。在实现中，我们将在 try/except 块中封装对 I2C 总线的读写尝试。try/except 块相当于 C++ 的 try/catch 语句。基本上，我们告诉代码要尝试一些操作，并且希望监视任何发生的错误，如果确实发生了错误，则我们想做出相应的响应。在代码中，将使用通用 except 情况来捕获任何错误，并只打印一个错误发生的消息。一般来说，Python 编码标准不喜欢包含一切的 except 情况，但是现在我们要这样做，因为处理错误的工作将留给读者自行研究。

read() 方法的实现如下所示。

```
def read(self):
    try:
        return ord(self.I2C.recv(1, self.Address))
    except:
        print("Unable to retrieve I/O status")
        return 0xFF
```

在这段代码中，以下几点值得注意。首先，我们使用 MicroPython I2C 库 recv() 方法从 I2C 总线接收数据。数字 1 告诉驱动程序，我们想从 self.Address 地址的总线接收一个字节的数据。其次，ord() 函数用于将接收到的字节转换为序数。

write() 函数的实现如下所示。

```
def write(self, state):
    assert state < 256, "State >= 256"
    try:
        self.I2C.send(state, self.Address)
    except:
        print("Unable to set I/O state")
```

同样，这里使用断言来测试从高级应用程序传递的参数是否满足对该函数的要求，即状态要小于 256。

至此，我们已经实现了 I/O 扩展器驱动程序，接下来构建 LED 的驱动程序。

3.4.3　构建 RGB 驱动程序

当前项目的目标之一是驱动位于按钮上的 RGB LED。对此，应定义一个类，该类可以灵活地驱动不同 PWM 上的 3 个不同的 LED。为了实现这一点，我们将构造一个

RGB_Generator 类，该类满足来自 RGB 按钮应用程序设计的 API 需求。

RGB_Generator 需要相当数量的参数才能设置 PWM。

（1）传递类构造函数 pinlist，其中包含用于驱动 LED 的 3 个引脚。

（2）传递 timer 模块，用于生成 PWM 信号的定时机制。

（3）传入希望产生 PWM 的频率。

（4）一个与计时器通道对应的通道列表。

这些步骤看起来很复杂，但代码实际上非常简单，如下所示。

```
class RGBGenerator():
    def __init__(self, pinlist, timer, frequency, channels):
        self.TimerR = pyb.Timer(timer[0], freq=frequency[0])
        self.TimerG = pyb.Timer(timer[1], freq=frequency[1])
        self.TimerB = pyb.Timer(timer[2], freq=frequency[2])
        self.R_Ch = self.TimerR.channel(channels[0],
            pyb.Timer.PWM, pin=pinlist[0])
        self.G_Ch = self.TimerG.channel(channels[1],
            pyb.Timer.PWM, pin=pinlist[1])
        self.B_Ch = self.TimerB.channel(channels[2],
            pyb.Timer.PWM, pin=pinlist[2])

    def Write(self, red, green, blue):
        self.R_Ch.pulse_width_percent(red)
        self.G_Ch.pulse_width_percent(green)
        self.B_Ch.pulse_width_percent(blue)
```

该类的构造函数首先设置用于每个 LED 的计时器。一旦计时器被设置，该计时器的通道被配置为 PWM，信号产生的引脚提供给计时器 API。需要注意的是，使用该类的最简单方法是选择所有分组在一起的引脚和计时器。

一旦创建了 RGB_Generator 对象，即可使用 write()函数为每个 LED 设置 PWM。在设计中，笔者决定将每个 PWM 作为单独的参数传递，但是同样可以轻松地传入一个占空比列表。实际上，这取决于实现者如何决定。笔者选择这种方法是因为当阅读代码时，可以一眼看到函数调用并查看每个占空比，而不必追踪列表。从代码可读性的角度来看，这会更容易些。

3.4.4　构建 RGB 按钮驱动程序

RGB 按钮驱动程序是一个类，该类是 RGB_Generator 和已经创建的 PCA8574_IO 类的组合。这意味着不会向类中添加任何其他方法。相反，我们将使用构造函数初始化

RGB_Generator 对象和 PCA8574_IO 对象,然后应用程序代码传入所需的参数来初始化这些对象。该类的实现如下所示。

```
from PCA8574 import PCA8574_IO
from LED_RGB import RGB_Generator

class PushButtonRGB:

    # Initializer / Instance Attributes
    def __init__(self, pin ist, timer, frequency, channels,
        i2cobject, slaveaddress):
            self.RGB = RGB_Generator(pinlist, timer, frequency, channels)
            self.DeviceIO = PCA8574_IO(i2cobject, slaveaddress)
```

从上述代码中可以看到,构造函数实例化了类对象,然后允许应用程序通过 PushButton 对象与这两个类进行交互。

在创建了驱动程序对象后,即可测试驱动程序并编写应用程序代码了。

3.5   测试和验证

在项目的构建阶段,我们创建了基本的驱动程序,用于控制项目中所有低级硬件设备。当前,我们持有使 RGB LED 发出 PWM 信号的驱动程序,并且拥有一个用于访问 I/O 扩展芯片并读写其状态的驱动程序。此时,我们通常会开发一个测试工具,可以完全测试这些驱动程序。这有助于发现功能或边界条件方面可能存在的问题。由于开发测试工具本身就是一个项目,因此我们将在第 4 章节中详细讨论测试工具。现在,我们将创建一个符合项目需求的测试应用程序,并开发一些简单的测试用例,以确保高级系统满足要求。

3.5.1   开发测试用例

在开发应用程序之前,首先应该制定测试用例,在应用程序完成后,将项目要求与我们期望在系统级别看到的行为联系起来。这可以在开发过程的任何阶段进行,并通常会与需求定义一起进行。然而,基于首选开发方法,工程流程可能会从一个团队到另一个团队大不相同。在许多情况下,团队将使用复杂的电子追踪方法,在系统级别上将其需求追溯到测试用例,但出于我们的目的,这里将使用一种可以在 Microsoft Word 中开发的简单的测试用例格式。

在任何测试用例中,确保捕获的重要信息包括:

❏　　测试用例编号。

❏　　测试用例目标（为什么要进行测试）。

❏　　执行测试前需要满足的条件。

❏　　在测试期间需要应用于系统的输入（如按下按钮）。

❏　　预期结果（发生什么）。

❏　　谁做的测试。

❏　　测试是什么时候进行的。

❏　　要执行测试的软件版本号。

在这些信息的基础上，我们不仅可以执行测试，还可在稍后了解用于测试系统的条件，如果测试用例失败，我们可以很容易地返回并创建失败的条件，进而移除任何缺陷。

笔者用于简单项目的模板是在成为初级工程师时开始使用的。这种格式的来源可能是一本书、一个网站，或者是笔者在第一次阅读 IEEE Swebok 后自己拼凑起来的。无论如何，笔者发现阅读需求并使用以下模板非常有帮助，如图 3.7 所示。

Test Case #: ###		Firmware Version: ##.##.##
Objective: 　　　　What are we trying to do here?		
Preconditions: -　　What are the system preconditions?		
Input: • System Input		Expected Results: • What should happen
Testing Results: What happened?		
Tester: Jacob Beningo		Date: 02/03/2014

图 3.7

让我们回顾一下软件需求，并创建一些测试用例来测试系统行为。请记住，这些是系统级别的测试，并不是设计为驱动功能或单元测试。我们将在第 4 章中探讨如何进行这种测试。这些测试用例已经被执行过了，此处是展示测试用例开发的结果。

第一个软件要求是，在启动时点亮的 LED 的强度应该从 0 到 100%不等。我们可以为这个需求创建第一个测试用例，如图 3.8 所示。

Test Case #: 001	Firmware Version: 1.0.0
Objective: 　　Verify that the LEDs intensity varies from off to full on in	
Preconditions: 　- Application is started	
Input: 　• None	Expected Results: 　• Should see the LED intensity increase to maximum 　　and then decrease to zero before repeating
Testing Results: After starting up the software, the LED started at 0% intensity and increased over a second and then decreased over a second. See the attached logic analyzer trace to show the PWM output.	
Tester: 　Jacob Beningo	Date: 02/03/2019

图 3.8

接下来创建一个测试用例来验证当按下按钮时，LED 颜色状态是否按预期变化。这个需求实际上产生了两个不同的测试用例。首先需要一个测试用例来验证系统启动时红色 LED 是否亮起。其次需要一个测试用例来显示当按下按钮时呈现正确的颜色状态。这些测试用例可以在图 3.9 和图 3.10 中看到。

Test Case #: 002	Firmware Version: 1.0.0
Objective: 　　Verify on start-up that the red LED is the initial RGB LED state	
Preconditions: 　- Application is started	
Input: 　• None	Expected Results: 　• Red LED should be illuminated
Testing Results: After starting up the software, the red LED was the first LED to light up and remained lit as expected.	
Tester: 　Jacob Beningo	Date: 02/03/2019

图 3.9

Test Case #:　003	Firmware Version: 1.0.0	
Objective: 　　　　　Verify that the when the button is pressed, the LED color changes from the initial red to the following upon each press: 　　1.　First press – Green 　　2.　Second press – Blue 　　3.　Third press – White 　　4.　Fourth press – Red 　　5.　Fifth press – Repeat pattern		
Preconditions: 　-　Application is started		
Input: 　• Press button (observe LED state) 　• Press button 8 times total and observe LED state	Expected Results: 　• Should see the LED color change based on the pattern in the objective.	
Testing Results: After starting up the software, the LED color was red. Pressing the button 12 times resulted in the following pattern: green, blue, white, red, green, blue, white, red		
Tester: Jacob Beningo	Date: 02/03/2019	

图 3.10

　　我们可以开发出几十个测试用例，以确保无论用户如何使用驱动程序的功能，应用程序都是完美的。然而，有时候我们需要评估软件测试和质量何时已经足够好了，否则会让自己的企业失去竞争优势。如果这是一个 DIY 项目，我们可能永远无法完成它（请记住，此处的重点是高可靠性和强大的实时系统，因此定义"足够好"可能非常具有挑战性）。

3.5.2　编写应用程序

　　现在已经准备好了系统测试用例、低级驱动程序和硬件，接下来将开发应用程序。我们将分 5 个步骤开发应用程序。
　　（1）确定需要的导入内容。
　　（2）定义常量。
　　（3）定义应用程序变量。
　　（4）初始化应用程序。
　　（5）创建主循环。

具体步骤的详细解释如下所示。

（1）首先需要查看应用程序的导入内容。默认情况下，总是包含 micropython 和 pyb 库。接下来，需要考查将要使用的类。此处需要 PushButton_RGB 类，该类也依赖于 Pin、Timer 和 I2C。完整的导入列表如下所示。

```
import micropython        # For emergency exception
# buffer
import pyb                # For uPython MCU features
from pyb import Pin       # For pin names
from pyb import Timer     # For PWM generation
from pyb import I2C       # For I2C functions
from button_rgb import PushButton_RGB    # For PushButton control
import sys                # For exit function
```

（2）创建有用的命名常量，这些常量将在应用程序中根据需要使用，以便不会在整个应用程序中散布魔术数字。魔术数字是具有特殊含义的数值，但如果缺少有用的注释描述选择该值的原因，则无法知道其值的用途。对此，较好的做法是不使用魔术数字，而是创建描述该值意义的命名变量或常量。

（3）对于我们的应用程序，需要定义 LED PWM 的常量，其中包括 PWM 在每个周期内变化的速率以及占空比的方向（向上还是向下）。关于这里所提及的常量，在 Python 中并没有办法创建真正的常量，只需定义一个变量，给它赋值，然后不更改该变量即可。与驱动 LED 相关的应用程序所需的常量如下所示。

```
# Defines the PWM value for LED FULL On
LED_FULL_ON = 0

# Defines the PWM value for LED Full Off
LED_FULL_OFF = 100

# Defines the Duty Cycle increment rate
DUTY_CYCLE_CHANGE_RATE = 2.5

# Defines if the LED is brightening
PWM_COUNT_DOWN = True

# Defines if the LED is dimming
PWM_COUNT_UP = False
```

（4）除了用于驱动 LED 的常量，还需要用于管理按钮和 PCA8574 的常量。这些常量包括 I2C 地址、按钮按下计数器的最大状态，以及按钮按下和未按下时读取的值。这些常量定义可以通过阅读数据表找到，具体实现如下所示。

```
# Defines PCA7485 don't pressed state
BUTTON_NOT_PRESSED = 0xFF

# Defines PCA7485 button pressed state
BUTTON_PRESSED = 0xFE

# Defines the maximum state supported by the pushbutton application
MAX_SYSTEM_STATE = 4

# Defines the address the I/O expander is on
PCA8574_ADDRESS = 0x38
```

（5）定义了常量后，下一步是创建用于控制应用程序的变量。我们需要创建跟踪 PWM 占空比的变量，并定义用于生成 PWM 的引脚和定时器通道。这些变量如下所示。

```
# List object that contains the duty cycle for RGB
# Valid values are 0 - 100. Due to the hardware, the
# duty cycle is reversed! 0% provides a ground which is
# full on to the LED's. 100% is full voltage and LED is off.
DutyCycle = 100

# Defines the pins used to drive the RGB duty cycle
PinList = [Pin('X1'), Pin('X2'), Pin('X3')]

# Defines the timers used to generate the PWM
TimerList = [2,2,2]

# Defines the timer frequency in Hz for the RGB
FrequencyList = [1000, 1000, 1000]

# Specifies the timer channels used to drive the RGB LEDs
TimerChList = [1, 2, 3]
```

在 Python 开发者看来，上述代码可能有些奇怪。Python 开发者很少创建参数列表，然后将它们传递至函数中去初始化对象。这里以这种方式编写代码是为了让电气工程师和传统开发者看起来更加熟悉。随着阅读的深入，我们会逐渐采用更符合 Python 风格的编码方式。

（6）定义变量来跟踪系统状态、占空比应该移动的方向，以及按钮的最后状态。这些变量如下所示。

```
# Holds the button state based on how many times its been
# pressed
System_State = 0
```

```
# If 0, the duty cycle is counting down.
# If 1, the duty cycle is counting up.
PwmDirection = 0

# Holds the button state from the last time it was read.
# This is used to determine if the button has been released.
ButtonLastState = False
```

（7）一旦变量被定义，下一步就是初始化应用程序。首先需要初始化 I2C 总线，然后扫描总线上的从属设备。笔者喜欢将可用的从属设备存储在一个列表中，然后在继续进行之前确保设备的存在。如果设备不存在，那么应该向用户提供一个错误，并且可以退出应用程序。

```
try:
    i2c = I2C(I2C_BUS1, I2C.MASTER, baudrate=100000)
    I2C_List = i2c.scan()

    if I2C_List:
        print("I2C Slaves Present =", I2C_List)
    else:
        print("There are no I2C devices present!
            Exiting application.")
        sys.exit(0)
except Exception as e:
    sys.print_exception(e)
```

（8）定义用于与按钮交互的对象。这里，将使用一个 RGB_Button 对象实例化 PushButton_RGB 类，如下所示。

```
try:
    RGB_Button = PushButton_RGB(PinList, TimerList,
        FrequencyList, TimerChList, i2c, PCA8574_ADDRESS)
except Exception as e:
    sys.print_exception(e)
```

当实例化对象时，需要提供实例化类所需的全部参数，如下所示。

❑ PinList。

❑ TimerList。

❑ FrequencyList。

❑ TimerChList。

❑ i2c 对象。

❑　从地址。

（9）将 RGB 状态写入一个已知的初始条件。打开红色 LED 并关闭绿色和蓝色 LED。与之前一样，我们希望能够捕获任何错误，因此将其包含在 try/except 子句中。我们已经检查过是否有从设备存在，因此无须再对此进行检查。对应代码如下所示。

```
try:
    # Make sure that the I2C device is present before proceeding.
    RGB_Button.RGB.Write(LED_FULL_OFF, LED_FULL_OFF, LED_FULL_OFF)
except Exception as e:
    sys.print_exception(e)
```

（10）创建主应用程序循环。主应用程序循环需要实现完成下列操作的代码。

❑　读取按钮。

❑　处理按下时的状态。

❑　计算 PWM。

❑　写入 LED。

接下来实现完成上述操作的代码。

① 读取按钮。为了读取按钮，需要利用 PCA8574 类中的 read()函数。这是通过 DeviceIO 对象完成的，它是 RGB_Button 对象的一部分。

```
# Make sure we have an I2C device to talk to, if so, try to read
from it
try:
    PushButton = RGB_Button.DeviceIO.Read()
except Exception as e:
    sys.print_exception(e)
    print("Exiting application ...")
    sys.exit(0)
```

② 读取按钮后，需要确定按钮是否已被按下。如果最后一次读取的按钮是"按下"，而现在按钮读取为"未按下"，即可知道按钮已被释放。如果按钮已被释放，则要增加系统状态，然后清除 PWM 占空比，以使周期从头开始。此外，还要确保，如果系统状态达到大于等于 5 的值，则将该值重置回 0。执行这些处理的代码如下所示。

```
# Check the Pushbutton to see if it has been pressed and released.
# When released, move to the next system state.
if PushButton == BUTTON_NOT_PRESSED:
    if ButtonLastState == True:
        ButtonLastState = False
        DutyCycle = LED_FULL_OFF
```

```
        System_State += 1

        if System_State >= MAX_SYSTEM_STATE:
            System_State = 0
elif PushButton == BUTTON_PRESSED:
    ButtonLastState = True
```

③ 在处理完按钮并确定系统状态后，需要计算下一个 PWM 占空比。这只是根据 PwmDirection 的值来递增或递减状态，并将其值限制在 0 和 100 之间。

```
# The example application will toggle the LED from full on to
# full off and then back again.
if PwmDirection == PWM_COUNT_DOWN:
    DutyCycle -= DUTY_CYCLE_CHANGE_RATE

    if DutyCycle <= LED_FULL_ON:
        PwmDirection = PWM_COUNT_UP
else:
    DutyCycle += DUTY_CYCLE_CHANGE_RATE

    if DutyCycle >= LED_FULL_OFF:
        PwmDirection = PWM_COUNT_DOWN
```

最后需要根据系统所处的状态用计算的占空比更新 LED。这只涉及读取系统状态，然后用适当的占空比的值调用 Write()方法。

```
# This is a simple "State Machine" that will run different
# colors and patterns based on how many times the button
# has been pressed
try:
    if System_State == 0:
        RGB_Button.RGB.Write(DutyCycle, LED_FULL_OFF, LED_FULL_OFF)
    elif System_State == 1:
        RGB_Button.RGB.Write(LED_FULL_OFF, DutyCycle, LED_FULL_OFF)
    elif System_State == 2:
        RGB_Button.RGB.Write(LED_FULL_OFF, LED_FULL_OFF, DutyCycle)
    elif System_State == 3:
        RGB_Button.RGB.Write(DutyCycle, DutyCycle, DutyCycle)
except Exception as e:
    sys.print_exception(e)
```

随后运行应用程序，能够看到一个正常运行的按钮应用程序。此时，终端中的行为如图 3.11 所示。

图 3.11

3.6　本 章 小 结

本章定义了一个简单的测试项目，进而扩展 Pyboard 的 I/O 功能，并获得开发驱动程序的经验。接下来，我们将这些驱动程序集成在一起，以控制一个 RGB LED 按钮，并通过按下按钮控制 LED 的颜色状态。最后，讨论了软件开发生命周期，并试图遵循其原则和主要阶段，以确保创建一个健壮的项目。

第 4 章将探讨如何创建一个测试框架来完全测试和集成驱动程序。其间将使用本章创建的驱动程序来开发和测试相应的测试框架。

3.7　本 章 练 习

1. 什么是高级系统图？
2. 什么是详细的硬件图？
3. 在本章中，使用哪 3 幅图来定义软件架构？
4. 当两个类在没有使用继承机制的情况下连接在一起时，被称为什么？
5. 测试用例应包括哪些信息？
6. 开发人员如何在 Python 中创建常量？
7. 开发人员应编写什么代码以查找 I2C 总线上存在从设备的地址？
8. 可以用什么方法捕获异常并将其打印出来？
9. 可以编写什么语句来强制应用程序退出？
10. 什么类型的设置可以用于完全测试和验证应用程序中创建的驱动程序？

3.8　进 一 步 阅 读

1. www.UML.org。
2. https://www.computer.org/education/bodies-of-knowledge/software-engineering。

第 4 章　开发应用程序测试框架

在第 3 章中，我们开发了几个模块，用于在应用程序项目中执行 I/O 功能并与用户进行交互。如何确信创建的这些模块实际上有效呢？对此，我们创建了几个测试，但如果对模块进行更改，则必须手动重新运行这些测试。据此，我们会发现很容易忽略潜在的漏洞。手动测试不仅耗时，而且容易出错。

在本章中，我们将开发一个应用程序测试框架，并以此测试 MicroPython 模块，同时确保它们具有最少的错误。

本章主要涉及下列主题。

❑　测试框架简介。

❑　测试框架的需求。

❑　测试框架设计。

❑　构建测试框架。

❑　运行测试框架。

4.1　技 术 需 求

读者可在 GitHub 查看本章代码，对应网址为 https://github.com/PacktPublishing/MicroPython-Projects/tree/master/Chapter04。

当运行示例和测试框架时，需要使用下列硬件和软件。

❑　Pyboard Revision 1.0 或 1.1。

❑　RobotDyn I2C 8-bit PCA8574 I/O 扩展器模块或同等产品。

❑　Adafruit RGB Pushbutton PN: 3423 或同等产品。

❑　终端应用程序（如 PuTTY、RealTerm 或 Terminal 等）。

❑　文本编辑器（如 Sublime Text）。

4.2　测试框架简介

测试框架是一组软件和数据，用于在各种条件下自动测试应用程序模块，以确定它们是否满足设计要求。测试框架通常包括以下 3 个主要组成部分。

❑ 测试执行引擎：这是一个软件，与被测试的应用程序模块相接，同时为其提供各种输入。在此之后，软件监视输出结果，以确保实现预期的结果。测试执行引擎通常用与被测试的应用程序模块相同的语言编写。

❑ 测试存储库：这些是额外编写的软件模块，包含了模块将被测试的预期条件。另外，测试也包含了这些测试的预期输出，以便确定测试已经通过还是失败。如果测试失败，则模块未满足其设计要求，该模块中存在需要解决的问题。

❑ 测试报告机制：该机制为开发者提供了一种方法，可以直观地检测应用程序模块是否通过了测试。根据所使用的测试框架，报告的功能将有很大的不同。至少，我们希望测试框架能够报告失败的测试。在更详细的测试框架中，我们希望生成一个报告，说明测试是否通过。如果未通过，它是在什么条件下失败的、输入是什么，以及产生了什么输出结果。

对于开发人员来说，测试工具是一个非常强大的工具，它为测试过程带来了几个优势，例如：

❑ 自动化测试，允许开发人员专注于其他活动。

❑ 允许执行回归测试，这可以验证最近的更改没有破坏其他代码片段。

❑ 提高代码质量。

测试框架有多种应用方式。首先，它可以执行单元测试。单元测试用于测试应用程序中特定的函数。在创建单元测试时，笔者倾向于测试函数的前置条件、后置条件、参数值和参数边界条件。单元测试可以帮助验证每个函数是否正常工作。其次，它可以用于模块测试。这种测试超越了单元测试，因为它测试函数在模块级别上能否共同工作。模块测试可以被视为集成测试的开始。最后，它可以执行系统集成测试，用于验证整个系统是否按预期工作。

为嵌入式系统创建和使用测试工具可能具有一定的挑战性。在某些时候，必须有一个软件层与微控制器硬件、外部集成电路、传感器和其他设备进行交互。在这种情况下，开发人员必须为该硬件设备创建一个软件表示（通常称为模拟），或者开发包括硬件的测试。当硬件包含在测试过程中时，这些测试通常称为硬件在环境中运行（HIL）测试。这些测试要求设置好微控制器、传感器和其他设备，并且测试工具与嵌入式系统进行交互。这种类型的测试可能很复杂，因为可能需要设置逻辑分析仪、总线嗅探器和其他设备，而这些设备随后需要自动化以获得测试结果。

就像其他任何软件一样，测试框架也可能会包含错误。糟糕的测试不一定会提高软件质量。实际上，开发人员可能会发现在测试中存在漏洞，这只会给开发人员一种虚假的成就感。

本章的主要目标是创建一个项目,使我们能够获得开发和使用基于 MicroPython 的应用程序的测试框架的经验。其间将开发一个测试框架来测试第 3 章中开发的模块,并考查如何验证底层硬件的行为方式是否符合预期结果。此外,还将讨论一个简单的过程,读者可以遵循该过程来开发测试用例,从而将测试中的差距最小化。

4.3　测试框架的需求

对于测试框架,首先需要考虑硬件需求。当开发测试框架时,可能需要设计和实现一个硬件接口,它不仅允许我们与系统交互,还允许验证软件的各种通信和控制过程,这要求清楚地定义所需的任何附加硬件。

其次需要考虑软件需求,包括测试工具的执行方式、报告所需内容以及用于执行测试的语言。在本节中,我们将研究这些需求,并为测试框架制定要求,以测试 MicroPython 代码。请记住,我们将概述一些高层次的要求。我们并不是在构建一个完全合乎规定的安全关键设备,因此仅需列出足够的要求以实现指导过程。

4.3.1　硬件需求

如前所述,我们需要考虑测试框架的硬件需求,并希望这些要求足够通用,这样在设计过程中就不会被束缚住手脚。测试框架将测试第 3 章中的按钮项目模块。在制定硬件需求之前,先回顾一下我们设计的硬件,如图 4.1 所示。

通过查看硬件图,可以看到需要定义一些硬件需求,如下所示。

❑　测试框架应能够记录 X1、X2 和 X3 上的输出信号,以便人工审查和验证。

❑　测试框架应监视 X9 和 X10 上的 I2C 通信。

❑　测试框架应将 CH0 按钮的输入替换为可由测试框架控制的 I/O 线。

从中可以看到,我们正在为测试框架指定一些高级需求,以便它能与设备连接。进一步讲,我们可移除 RobotDyn I/O 扩展器,使用(类似于)Aardvark 直接连接 I2C 总线,然后模拟 RobotDyn 芯片。这将允许我们模拟各种故障条件,并查看系统如何响应这些故障。这些故障可能包括以下几种情况。

❑　无响应结果的从设备。

❑　无效的响应结果。

❑　I2C 总线错误。

根据应用程序的需要,测试框架可变得复杂或简单。当前,只需确保可以与设备通信并正确读取输入值即可,这也是当前项目的需求。

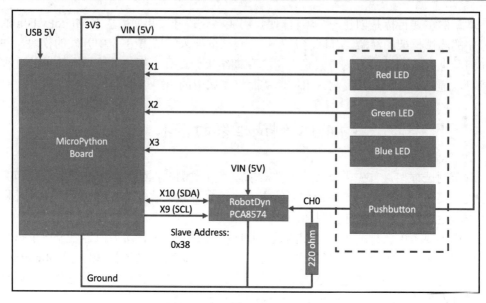

图 4.1

4.3.2　软件需求

测试框架的软件需求需要考虑与之交互的任何外部工具，以及测试工具的行为方式。以下是测试框架应该具有的特征或功能。

（1）测试框架应该是可配置的，以便运行测试的一个子集，或基于测试框架配置设置的整个测试套件。

（2）测试框架应该是模块化的，以允许在多个项目中重用测试框架的特性。

（3）测试框架应记录执行每次测试所需的时间以及总测试时间。

（4）测试框架应该生成一个报告，一旦测试完成，该报告将保存到文件系统中。该报告将涵盖以下内容。

① 被测软件版本。

② 测试框架版本。

③ 硬件版本。

④ 要执行的测试数。

⑤ 测试开始时间。

⑥ 特定于测试的信息，例如:

❑　执行的测试名称。

❑　输入参数。

- ❏　预期的输出。
- ❏　实际产出。
- ❏　运行测试的时间。
- ❏　测试的停止时间。
- ❏　通过的测试数。
- ❏　失败的测试数。

　　在开发自己的测试框架时，需要考虑框架所涵盖的全部特性，但是要从简单之处开始。例如，这里列出了一些报告特性，但在第一次迭代过程中，仅仅能够运行一个测试并确定它通过或失败可能就足够了。随着时间的推移，可构建相应的测试框架并使其更加复杂。记住，测试框架越复杂，引入需要更多时间和维护的错误的概率也就越大，这甚至可能会成为一个独立的项目。

4.4　测试框架设计

　　在项目的这个阶段，我们已经了解了测试框架的基本需求。接下来准备考查支持测试框架必需的硬件和软件体系结构。与之前的章节一样，在这个阶段，我们将从一个架构开始，然后转移到更详细的设计，再用于构建阶段。记住，架构应该是灵活的，这样就可以随时处理任何变化的要求条件。

4.4.1　测试框架的硬件体系结构

　　为了支持测试框架，项目的硬件架构需进行一些较小的调整。这些更新将提供硬件支持，以便可以监控下列 3 个性能。

- ❏　I2C 总线。
- ❏　触发按钮。
- ❏　读取 PWM 通道。

　　出于以下原因，我们对监控这些信号感兴趣。首先要确保能够记录 MicroPython 板和 RobotDyn I/O 扩展器之间产生的 I2C 通信，这将被用来验证 I2C 通信。其次，按钮是一个机械开关，只能由参加测试的人触发。另外，我们希望尽可能多地实现自动化测试，对此，我们通过 I/O 线添加触发按钮输入的功能。最后，当测试运行时，希望能够验证正确的 PWM 通道正在运行，并且频率被正确设置。为了做到这一点，需要独立监测每个 PWM 通道。

　　为了完成上述 3 项监测任务，需要添加以下两种硬件。

❏　I2C 总线监视器。

❏　数据采集系统。

图 4.2 显示了这些设备在硬件架构中的添加方式。

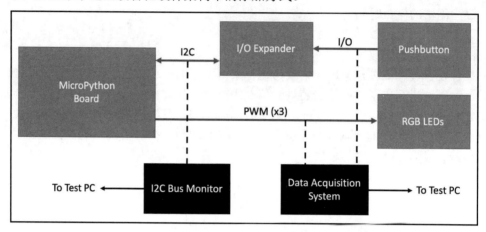

图 4.2

此处通过虚线添加硬件组件，表明这些是可选的组件，且仅添加至设计中用于测试，之后从系统中移除。随后，两个系统连接至一台测试 PC（个人计算机）上，该 PC 将驱动这些组件并与系统进行交互。

接下来考虑在硬件上添加监控设备的一些后果。在硬件上添加测试工具可能会产生意想不到的后果，系统似乎正在按预期工作，但当测试工具被移开时，系统突然停止工作。在过去的几个客户项目中，我们采用了逻辑分析仪、总线分析仪和数据采集系统，一切都像预期的那样工作，但一旦这些工具被移除，系统就会崩溃并停止工作。

当向硬件（尤其是监控设备）添加额外的设备时，将会改变硬件的电气特性。例如，监视 I2C 总线的工具通常充当 I2C 线路的上拉（pull-up）装置。如果 I2C 线路上没有适当大小的上拉装置，监控工具可以帮助 I2C 总线按预期工作。一旦 I2C 总线工具被移除，尺寸不当的上拉装置则无法应对，从而导致 I2C 总线不能正常工作。

重要的是要认识到，虽然测试工具有助于实现自动化测试、回归测试，以及许多其他可以帮助我们加快开发和提高质量的精彩操作，但我们仍然需要在独立模式下对系统执行测试。这将确保测试设备不会无意中影响被测设备。

4.4.2　测试框架的软件体系结构

关于如何构建测试工具的软件端，存在较多的选择方案。归根结底，这主要取决于希望在测试框架中引入多少复杂性。在当前示例中，我们通过添加需要监视 I2C 总线、驱动 I/O 线并监视 PWM 信号的外部设备增加了测试框架的复杂性。接下来将考查几种实现该过程的不同方法。在本项目中，我们将采用成本最低且复杂性最低的方法来实现。

这里，可以使用的第一个测试工具软件架构是使用 PC 作为测试工具和数据收集过程的主要驱动程序。在这个体系结构中，我们想要执行的测试组存储在 MicroPython 开发板上，但在由测试计算机驱动的通信链路上执行。

在该体系结构中，测试计算机运行一个 Python 脚本，该脚本既可以与 REPL 通信，也可以使用带有自定义通信协议的串行链接。PC 脚本驱动测试的原因是，它可以控制测试设备、监控 I2C 总线、控制按钮并观察 PWM 线路。该软件架构的一个例子如图 4.3 所示。

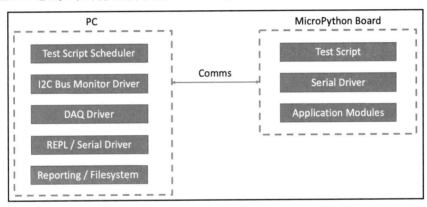

图 4.3

这个系统架构相当复杂，但对于专业开发人员而言，这比 DIY 项目或快速原型更有益。使用这种架构有多个优点，具体如下所示。

- ❏　容易扩展。
- ❏　可支持多个外部测试设备。
- ❏　易于访问测试数据。
- ❏　开发人员可以利用现有的 Python 库来简化和加速开发。
- ❏　便于在其他项目中使用。

我们可以使用的第二个测试框架软件架构是在 MicroPython 板上建立整个测试框架，并使用第二个 MicroPython 开发板与第一个 MicroPython 开发板连接，以监测 I2C 并执行其他监测和控制活动。这种框架不需要 PC 的参与，通过将功能建立在 Pyboard 上，可以大大降低测试设备的成本。

虽然我们正在试图降低成本和复杂性，但仍有额外的工作需要完成。例如，需要开发监控 I2C 的能力，同时将其对硬件总线的影响降到最低，然后需要开发一个可以在两个 MicroPython 开发板之间使用的通信协议，这将允许测试框架让第 2 块开发板知道它现在应该触发一个按钮、监控 PWM 等。这些并不一定是复杂的任务，因为我们还需要将这些功能添加到第一个体系结构中。这里只是简化了概念，并移除了更昂贵的设备。

图 4.4 显示了该体系结构的整体状况。

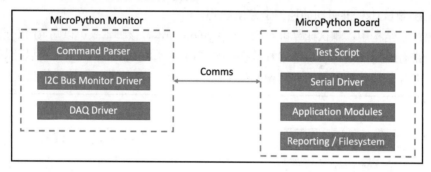

图 4.4

最后一个软件架构只有在开发的应用程序有多余的内存和 CPU 周期时才能工作。在这种架构中，我们消除了所有额外的硬件，并利用主 MicroPython 板上的备用 I/O 来控制和监视测试过程。其中，我们将整个测试工具放置在 MicroPython 板上，然后从同一设备调用测试用例和监视功能。该架构如图 4.5 所示。

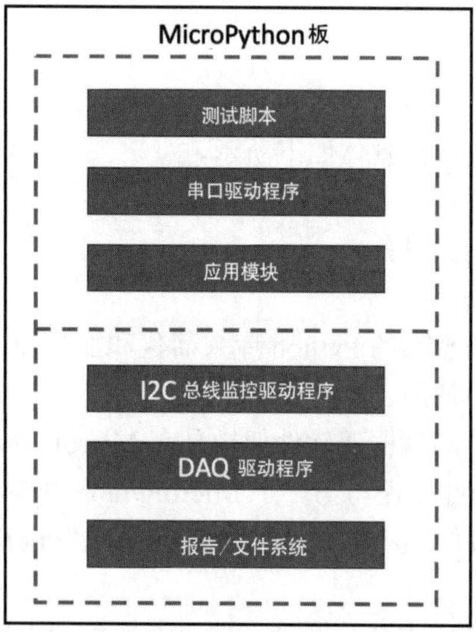

图 4.5

将整个测试框架放置在设备上存在一些明显的缺点，其中一些如下所示。

❑　取决于最终的应用程序，测试框架可对测试产生影响。

❑　测试框架可能会使用过多的内存或 CPU 周期。

❑　在单个设备上管理多项功能导致复杂性增加。

虽然这些缺点确实需要加以管理，但对应优点可能更加突出，如下所示。

❑　降低硬件成本。

❑　降低整体测试工具的复杂性。

❑　所有的代码都位于一个地方。

以上仅是构建测试框架软件的几个例子，此外还存在许多其他的选择。例如，可以去掉串行通信链路，让 MicroPython 开发板通过 Wi-Fi 链路或蓝牙将所有测试数据发送到云端。这里，选择方案几乎是无限的。

接下来考查如何直接在 MicroPython 开发板上实现测试框架。这是最简单、最基础的解决方案，因为它是更复杂和可扩展架构的基石。

4.5　构建测试框架

我们要构建的测试框架的主体是软件。另外，我们将要构建测试框架的模块是在第 3 章中创建的模块。相应地，可构建一个框架，不仅包括低级模块测试，还包括高级系统行为。当前旨在描述如何构建测试框架，高级应用程序测试则留与读者以作练习。具体的测试模块如下所示。

❑　PCA8574.py。

❑　LED_RGB.py。

❑　button_rgb.py。

4.5.1　编写测试架构

在深入研究并开始开发测试之前，应该花几分钟考虑一下如何组织测试框架。笔者喜欢创建代表被测试设备的模块。如果有一个名为 PCA8574.py 的模块，那么将创建一个名为 PCA8574_tests.py 的单独模块。当构建软件模块时，还将添加测试以确保没有忽略任何内容。这里，存在一些形式化的过程可以遵循，如测试驱动开发（TDD），但具体实现过程中没有那么严格。

每个*_tests.py 模块都将通过一个名为 test_harness.py 的高级测试模块来调用。test_

harness.py 则从 main.py 模块中调用。在每个运行期间，可以自定义 test_harness.py 以运行想要执行的测试。这里创建这些单独的模块是为了将模块化和可移植性构建到测试工具中。当然，肯定还存在其他构建工具的方法，但如果打算在 MicroPython 实现的目标上运行测试，此方法最有用。如果正在重复使用模块，那么还可以轻松地将测试工具组件带到新的应用程序中。

对于每个测试函数，有几项操作是确保经过深思熟虑并得以实施的，如下所示。

- ❑ 测试设置：测试设置为将要运行的一系列测试准备系统。测试设置实际上是创建测试执行所必需的先决条件。例如，如果要运行一系列使用 I2C 总线的测试，可以在测试设置操作期间配置 I2C 对象，前提是该设置不是测试的一部分。

- ❑ 测试执行：测试执行是测试用例在处理器上执行的地方。这可能是检查输入边界条件之处，或者只是验证从测试的代码中获得了预期的输出。

- ❑ 测试清理：一旦测试用例被执行，则需要清理执行环境并将其恢复到一个干净的状态。如果不撤销之前的操作，那么其他测试可能会在处理器上出现意想不到的情况，这些情况可能导致测试失败，或者更糟—— 在应该失败的时候通过测试。清理阶段可能包括释放内存和对象，并将 I/O 线设置回初始状态。在一个简单的实现中，可以假设测试设置阶段将根据需要配置系统，但是在开发软件时尽可能明确总是一个好主意。

- ❑ 测试报告：报告阶段是发布刚刚执行的测试结果的阶段。输出结果可以以多种不同的方式提供。例如，开发人员可以将结果转储到终端中，也可以将结果写入文件。无论采用何种格式，重要的是要以易于处理数据的方式进行输出。例如，可以以逗号分隔的格式输出测试结果，如"测试模式，测试描述，通过或失败"，使用这种格式可以更容易地将结果置入 Python 脚本或 Excel 电子表格中进行处理。

在一个复杂的测试框架中，可以创建执行这些操作的独立函数。在单个函数中实现这些操作当然是可能的，有时也更容易。

在这一点上，应该有足够的信息来组合测试框架，然后开始开发测试。现在可以按照以下步骤设置框架。

（1）为要测试的每个模块创建新模块，并在文件名后添加_tests.py。

（2）在每个测试模块中，创建一个带有模块名称的新函数，然后将_tests 附加到它后面。

（3）用一个名为 Tests_Run 的函数创建一个 test_harness.py 模块。

接下来将把测试添加至框架中。

4.5.2　测试 PCA8574

PCA8574 是我们在第 3 章中开发的应用程序最底层的组件。首先，为这个模块开发测试用例是有意义的。如前所述，最好是在开发模块时完成测试。但在当前情况下，我们是在事后添加测试用例。我们希望确保对该模块进行了有效的测试以适用于我们的应用程序。在这种情况下，需要执行 4 个测试。

❑　I2C 对象的创建和初始化。

❑　I2C 对象创建处理超出范围的地址。

❑　LSB 高位读取。

❑　LSB 低位读取。

我们可以设计一系列测试来检查每一条 I/O 线并确保它正确读取，但是 PCA8574 是一个简单的设备，并返回 I/O 状态的单个 8 位值。如果能够成功地读取 LSB，那么读取其他位应该没有任何问题（在商业产品中，应该验证所有的 I/O。对于本例，我们将精简到最小的必要测试）。

为了运行这些测试，需要在实现之前讨论 4 项操作。

（1）实现测试设置。在 PCA8574_tests.py 中，从填充 PCA8574_Tests 函数开始，使用可以设置 I2C 外设的代码。在下面的代码中，用于设置测试的代码与在应用程序代码中用于设置 I2C 的代码相同。

```
try:
    # Initialize I2C 1
    i2c = I2C(I2C_BUS1, I2C.MASTER, baudrate=100000)
    # returns list of slave addresses
    I2C_List = i2c.scan()

    if I2C_List:
        print("I2C Slaves Present =", I2C_List)
    else:
        print("There are no I2C devices present! Exiting application.")
        sys.exit(0)
except Exception as e: print(e)
```

在许多情况下，将会发现在测试框架和应用程序代码之间存在可以重用的代码。

（2）编写设置代码后，即可实现要执行的测试。首先测试能否在 0～255 范围内初始化 I2C 对象。在测试设置操作期间，将使用检测到的 I2C 地址创建此对象。我们将测试用例包装在 try/except 语句中。尝试初始化对象时生成的任何错误都将告诉我们测试用例失败了。对应代码如下所示。

```
# Test that we can initialize the object
  try:
        PCA8574_Object = PCA8574_IO(i2c, I2C_List[0])
        print("PCA8574, Object Creation, Passed")
  except:
        print("PCA8574, Object Creation, Failed")
```

注意，作为测试用例的一部分，这里包括第 4 项操作，即报告测试是否通过。我们可以在一个数组或字典中收集结果，但由于我们正试图一点一点地建立测试框架的功能，为了保持简单，这里只是在测试执行时将结果打印到终端。

（3）我们想要执行的下一个测试是使用无效地址初始化 PCA8574。这里希望运行此测试以验证断言会抛出异常。对于这个测试用例，如果出现了异常，则意味着测试已通过；如果成功初始化对象，则表示测试未通过。该测试用例的代码如下所示。

```
try:
        PCA8574_Object1 = PCA8574_IO(i2c, 256)
        print("PCA8574, I2C Address Out-of-Bounds, Failed")
except:
        print("PCA8574, I2C Address Out-of-Bounds, Passed")
```

（4）创建测试用例，检查是否能成功地从 PCA8574 的 I/O 中读取数值。这需要两个测试用例：一个用于验证 LSB 上的高位输入，一个用于验证 LSB 上的低位输入。不要忘记，我们需要添加代码来控制 Pyboard 的一条 I/O 线，然后将其连接到 LSB 上。在测试过程中，可以改变这个引脚的状态，以模拟按钮被按下的情况，或者通知测试者，让他们手动按下按钮并保持。在开始切换引脚之前，需要在测试的设置部分添加一些 GPIO 设置。下面是应该添加到测试设置中的代码，以便控制一个 I/O，模拟按下按钮后的 I/O 状态变化。

```
p_out = Pin('X4', Pin.OUT_PP)
p_out.high()
```

不要忘记，还需要从 pyb 库中导入 Pin。

（5）编写测试代码以便验证是否能够成功地读取 PCA8574 输入状态，对应代码如下所示。

```
# Set the switch to not pressed
  p_out.high()
  Result = PCA8574_Object.Read()
  if Result is 0xFF:
```

```
    print("PCA8574, LSB I/O - High, Passed")
else:
    print("PCA8574, LSB I/O - High, Failed,", Result)

# Set the switch to pressed
p_out.low()
Result = PCA8574_Object.Read()
if Result is 0xFE:
    print("PCA8574, LSB I/O - Low, Passed")
else:
    print("PCA8574, LSB I/O - Low, Failed,", Result)
```

对于这个示例，唯一需要执行的清理操作是在测试完成后调用 p_out.high()。这将把 I/O 线路返回到高电平状态。针对当前目的，我们将在此时保留 I2C 总线的初始化设置，任何正在运行的其他测试可以使用其设置，或者可以设置自己的配置。

现在，我们准备第一次运行测试框架，并查看从测试中得到什么结果。在此之前，确保将 PCA8574_test.py 模块导入 test_harness.py 脚本中，然后将该脚本导入 main.py 模块中。这将为我们提供一个完整的工作测试框架，允许通过更改 test_harness.py 脚本来添加额外的测试。

4.6　运行测试框架

在目标上运行测试框架与运行任何其他 MicroPython 脚本相同。将 main.py、test_harness 和测试脚本复制到 Pyboard 中。在终端上，可以按 Ctrl + C 组合键终止任何正在运行的应用程序。然后，按 Ctrl + D 组合键在 Pyboard 上进行软复位。此时，测试框架的输出如图 4.6 所示。

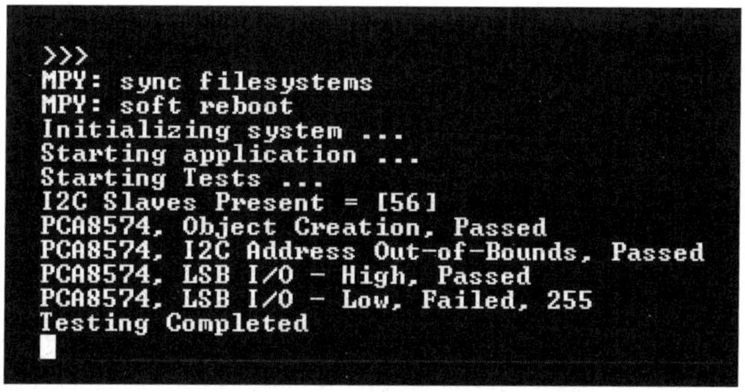

图 4.6

从图 4.6 中可以看到，脚本已经启动，测试已经开始。不难发现，紧随测试设置操作之后的是执行和报告操作。此外还可以看到，前 3 个测试成功通过，最后一个测试——LSB I/O - Low 测试失败了。从测试报告来看，I/O 保持在高电平状态，而不是切换到低电平状态。

测试失败包含几个潜在原因，一些原因如下所示。

❑　测试模块包含漏洞。

❑　测试用例是错误的。

❑　存在硬件问题。

事实证明，这里没有将 X4 连接到 PCA8574 开发板上。在建立连接并重新运行测试框架之后，输出内容如图 4.7 所示。

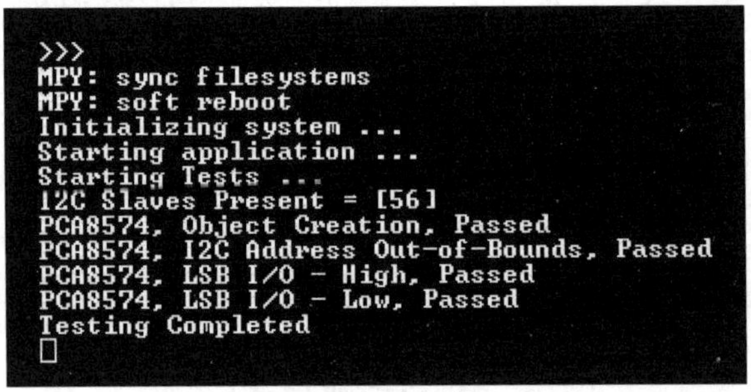

图 4.7

至此，所有测试都通过了。这是否意味着测试框架或被测试的模块没有问题？事实上，我们所做的只是编写了一些期望通过的测试用例，并且从未真正测试过这些测试用例是否会失败，TDD 告诉我们，在使任何测试用例通过之前，应该先编写它并验证它会失败，这有助于验证测试用例是否真的可以失败。在继续为第 3 章中的其余模块开发测试用例时，请确保在它们返回正确结果之前先验证测试用例是否会失败。

4.7　本 章 小 结

本章讨论了创建 MicroPython 模块和应用程序代码测试框架的不同方法。虽然存在许多可用的方法（从非常简单到高度复杂），但我们实现了一个简单的测试框架，并可以轻松地使用该框架，同时将其作为构建更有用框架的基础。这里构建的测试框架使用待测设备来模拟系统输入，进而保持测试框架的成本较低，并且不需要额外的外部硬件。

第 5 章将深入了解 MicroPython 内核，并学习如何根据自己的应用程序需求定制启动代码和内核。作为项目的一部分，我们将编译自己的内核，并将其部署到一个开发板上。在默认状态下，该开发板上并没有安装 MicroPython。

4.8　本 章 练 习

1．测试框架的 3 个主要组成部分是什么？
2．使用测试框架的优点是什么？
3．测试框架可以测试的缺陷示例是什么？
4．测试工具可以遵循哪些架构？
5．模块测试需要执行哪 4 项操作？

4.9　进一步阅读

1．*Test-Driven Development with Python*，Harry Percival。
2．*Test-Driven Development for Embedded C*，James W. Grenning。

第 5 章　自定义 MicroPython 内核启动代码

使用 MicroPython 开发嵌入式软件相对简单，但有时可能需要构建定制的印刷电路板，调整内核中的默认引脚设置，处理故障模式，或者只是在 MicroPython 内核中构建一个软件库。为了实现这些目标，开发人员需要通过检查 MicroPython 内核并学习必要的自定义步骤来熟悉它，而这也正是本章将要介绍的内容。

本章主要涉及下列主题。

❑　MicroPython 内核概述。

❑　访问启动代码。

❑　将 MicroPython 模块添加至内核中。

❑　将自定义内核部署至开发板上。

5.1　技　术　需　求

读者可访问 https://github.com/PacktPublishing/MicroPython-Projects/tree/master/Chapter05 查看本章的示例代码。

为了运行示例并构建定制的 MicroPython 内核，需要使用下列硬件和软件。

❑　Linux 机器或虚拟机。

❑　STM32L4 IoT Discovery 节点。

❑　RobotDyn I2C 8-bit PCA8574 I/O 扩展器模块或等价产品。

❑　Adafruit RGB pushbutton PN: 3423 或等价产品。

❑　面包板。

❑　6"跳线。

❑　通用双位置开关。

❑　30 号缠绕线。

❑　终端应用程序（如 PuTTY、RealTerm、Terminal 等）。

❑　文本编辑器（如 Sublime Text）。

5.2　MicroPython 内核概述

MicroPython 内核是软件库、代码和 Python 解释器的集合,预置在 MicroPython 板(如 Pyboard)上。刚接触 MicroPython 的人士可能甚至没有意识到 Python 解释器是由 C 模块组成的。这些模块被编译,然后编程到开发板上,这时就会出现大家已经非常熟悉的文件系统和 REPL。本章将更深入地研究内核,并探讨如何进行修改,以增强应用程序。

5.2.1　下载 MicroPython 内核

在了解内核包含的内容之前,首先需要下载内核,以便浏览其目录结构。下载内核很容易,此处建议在 Linux 机器或 Linux 虚拟机中下载。在这种环境中,MicroPython 的构建过程将更加容易,稍后将对此予以介绍。

确保在机器上安装了 Git。在终端中输入下列命令。

```
sudo apt-get install git
```

如果已经安装了 Git,应该会看到如图 5.1 所示的结果。

图 5.1

如果没有安装 Git,将通过安装过程将其安装到开发机器上。Git 安装完成后,可以在终端使用以下命令克隆 MicroPython。

```
sudo clone https://github.com/micropython/micropython.git
```

一旦命令发出,MicroPython 将被克隆到一个名为 micropython 的目录中,如图 5.2 所示。

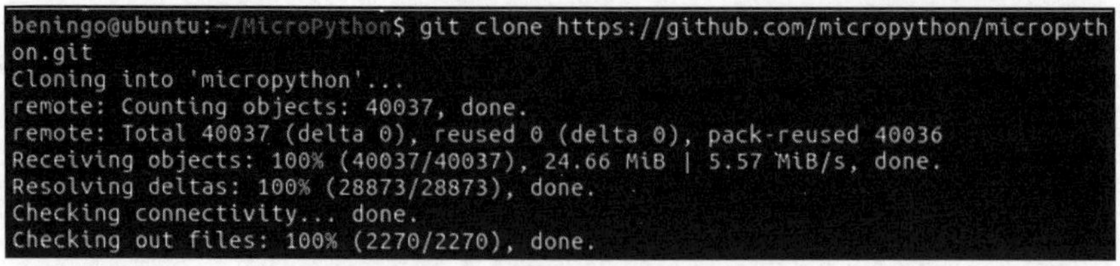

图 5.2

至此，我们在开发机器上安装了 MicroPython 内核。

5.2.2　MicroPython 内核的组织方式

如果访问克隆 MicroPython 内核的 micropython 目录，则会发现内核的组织方式如图 5.3 所示。

```
beningo@ubuntu:~/micropython$ ls
ACKNOWLEDGEMENTS      CONTRIBUTING.md    drivers    extmod    LICENSE    mpy-cross    py        tests
CODECONVENTIONS.md    docs               examples   lib       logo       ports        README.md tools
beningo@ubuntu:~/micropython$
```

图 5.3

经过检查，可以看到存在几个顶级目录。每个目录所包含的信息如表 5.1 所示。

表 5.1

文 件 夹	描　　述
docs	包含不同主要端口的文档
drivers	包含外部设备的驱动程序，如显示、内存设备、无线电和 SD 卡
examples	包含示例 Python 脚本
extmod	包含在 C 中实现的附加（非核心）模块，例如加密和文件系统
mpy-cross	MicroPython 交叉编译器，它从脚本生成字节码
ports	包含 MicroPython 支持的所有不同架构的端口
py	Python 实现，包含 Python 核心、编译器、库和运行期
tests	包含 MicroPython 的测试框架
tools	包含可用于开发 MicroPython 内核的脚本

建议花费一些时间浏览这些目录，以更好地了解这些文件夹中的内容。此处将主要关注 ports/STM32 目录。取决于在内核中的修改内容，其他地方的一些工具或模块可能也是十分有用的。

5.2.3　STM32L475E_IOT01A 端口

当查看 ports 文件夹时，会发现有十几个不同的 MicroPython 的端口。在笔者看来，stm32 端口是支持性最好的端口，但一些无线芯片也是很好的竞争者，如 esp8266。可以看到，MicroPython 当前支持的所有架构都包含在 ports 目录中，如图 5.4 所示。

打开 stm32 文件夹，即会发现一些感兴趣的项目。首先，它包含驱动 STM32 微控制器所需的所有驱动程序和 C 代码模块。这些文件实际上是由意法半导体提供的 STM32

HAL 生成的，并且随着意法半导体对其 HAL 进行更新和更改而定期更新。大多数情况下，不需要修改这些驱动程序文件，它们只是在微控制器的外设和功能中起辅助作用。

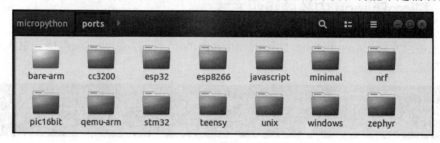

图 5.4

接下来会注意到，在 stm32 目录下有几个文件夹，其中大部分包含支持代码模块的功能，如启动微控制器和其他高级功能（如 USB）。 对我们来说，真正值得关注的文件夹是 boards 文件夹。

boards 文件夹包含多种不同类型的文件和文件夹，如下所示。

❑　所支持的 board 文件夹，这是 MicroPython 支持的所有不同的开发板。

❑　STM32 衍生的链接器文件，它定义了不同处理器的内存映射。

❑　STM32 衍生的引脚图，描述了处理器上每个引脚的作用。

我们可在图 5.5 中看到所有 STM32 板，以及使用 STM32 微控制器的第三方开发板，目前已经被移植到 MicroPython 中。

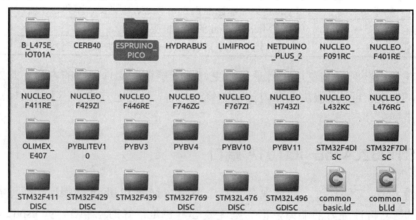

图 5.5

如图 5.5 所示，STM32/boards 文件夹包含当前存在的所有 STM32 MicroPython 端口。可以看到，有 20 多种不同的开发板被支持，包括 Pyboard，它存在于 PYBV3、

PYBV4、PYBV10 和 PYBV11 文件夹中。除此之外，我们将在本章中更详细地研究 STM32L475E_IOT01A 开发板。

STM32L475E_IOT01A 开发板除了几个传感器，还包括板载 Wi-Fi 和蓝牙模块。此外，该开发板上还配置了 Arduino 头，用于屏蔽扩展和 MOD 连接器，如图 5.6 所示。

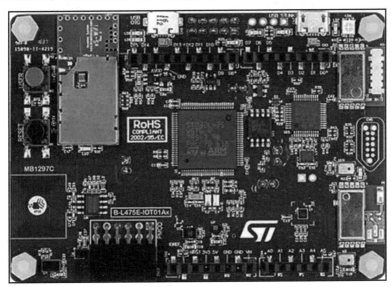

图 5.6

STM32L475E_IOT01A 开发板支持 Arduino 头，并包括板载 Wi-Fi 和蓝牙，这使其成为 MicroPython 项目的较好的原型环境。

在我们深入研究该开发板之前，查看开发板目录中的一些文件是很有用的。在开发板的目录中，有几个不同的.csv 和.ld 文件。.ld 文件是微控制器的链接器脚本。如果选择其中一个.ld 文件并打开，将会发现它指定了哪些地址是 RAM，哪些是闪存。此外，还会发现有一些区域用于定义缓冲区、堆、堆栈和任何其他的自定义内存区域。在大多数情况下，除非对调整堆和栈的大小感兴趣，否则不需要对这些链接器脚本进行操作。一些链接器文件有些保守，或者使用了较小的微控制器的默认设置，通过查看目标数据表，可能会发现存在额外的 RAM 或功能可以利用。

例如，假设正在为 Electronic Power Supplies（EPS）的客户工作，我们选择的目标具有一个额外的零状态 RAM，此 RAM 未被使用。将其添加到链接器文件中，能够将其用于额外的变量或堆栈空间。此外，如果持有复杂的应用程序，则可能会耗尽堆空间。堆空间是可调整的，可以根据需要修改链接器文件。以下代码片段来自链接器，显示了如何修改_heap_end 以获得更多的堆栈空间。

```
/* RAM extents for the garbage collector */
_ram_fs_cache_start = ORIGIN(FS_CACHE);
_ram_fs_cache_end = ORIGIN(FS_CACHE) = LENGTH(FS_CACHE);
_ram_start = ORIGIN(RAM);
_ram_end = ORIGIN(RAM) + LENGTH(RAM;
_hesap_start = _ebss; /* heap starts just after statistically allocated
memory */
_heap_end = 0×20014000; /* tunable */
```

链接器脚本允许 MicroPython 内核开发人员调整分配给系统中头、堆栈和其他功能的 RAM 大小。

💡 提示:

记住,如果占用了更多的堆空间,那么在其他地方(如堆栈)的空间就会减少。如果打开一个文件,如 stm32l476af.csv,则可以看到该衍生产品的引脚映射。它不仅提供了一个列表,而且提供了每个引脚的功能选项。这些文件在显示衍生品的功能方面很有用,但一般来说不需要修改这些文件,除非在 MicroPython 代码库中添加一个新的衍生品。开发人员可以自定义这些引脚名称,然后改变它们在 MicroPython 运行环境中的访问方式,这通常是在位于特定开发板目录下的引脚文件中完成的。

接下来转到 board 文件夹,并查看 STM32L475E_IOT01A 开发板文件夹。可以看到,这个目录只包含以下 4 个文件。

❑　mpconfigboard.h。

❑　mpconfigboard.mk。

❑　pins.csv。

❑　stm32l4xx_hal_conf.h。

这 4 个文件将控制 MicroPython 板的默认设置,即开发板如何运行。接下来将对其逐一进行讨论。

1. mpconfigboard.h

mpconfigboard.h 头文件包含了特性的定义,如外设、LED、USB 引脚映射和开发板定义,如开发板名称和微控制器目标。下列代码显示了该文件中包含的一些信息。

```
#define MICROPY_HW_BOARD_NAME "B-L475E-IOT01A"
#define MICROPY_HW_MCU_NAME "STM32L475"

#define MICROPY_HW_HAS_SWITCH (1)
```

```
#define MICROPY_HW_ENABLE_RNG (1)
#define MICROPY_HW_ENABLE_RTC (1)
#define MICROPY_HW_ENABLE_USB (1)
```

在上述代码中，可以看到来自 mpconfigboard.h 的一些示例定义，其中给出了硬件开发板名称和 MCU 类型，并定义了几个 MicroPython 特性，如用户开关和 USB。接下来查看下列代码。

```
#define MICROPY_HW_LED1 (pin_A5) // green
#define MICROPY_HW_LED2 (pin_B14) // green
#define MICROPY_HW_LED_ON(pin) (mp_hal_pin_high(pin))
#define MICROPY_HW_LED_OFF(pin) (mp_hal_pin_low(pin))
```

上述代码显示了来自 mpconfigboard.h 的更多示例定义，这些定义为开发板上的 LED 创建引脚映射，并定义用于打开或关闭 LED 的函数。

2．mpconfigboard.mk

mpconfigboard.mk is 是目标开发板的 make 文件，包含下列信息。

❑　MCU 系列。

❑　CMSIS 目标定义。

❑　电路板的备用功能映射文件。

❑　要使用的链接器文件。

❑　闪存的内存定义。

❑　调试探针配置文件。

在大多数情况下，不需要修改甚至查看该文件，除非正在创建自定义端口，这可能取决于具体设计。下列代码片段展示了 make 文件的例子。

```
MCU_SERIES = 14
CMSIS_MCU = STM32L475XX
# The stm32l475 does not have a LDC controller which is
# the only difference to the stm32l476 - so reuse some files.
AF_FILE = boards/stm32l476_af.csv
LD_FILES = boards/stm32l476xg.ld boards/common_ifs.ld
TEXT0_ADDR = 0x08000000
TEXT1_ADDR = 0x08004000
OPENOCD_CONFIG = boards/openocd_stm32l4.cfg
```

3．pins.csv

pins.csv 文件包含目标板上存在的引脚，以及它们在 MicroPython 环境中的名称，以便可以通过 Python 脚本访问它们。处理器上存在的每个引脚都需要在此文件中具有一个名称。建议打开该文件以查看其中的所有内容。这些文件通常非常大，图 5.7 显示了如何为 A0-A7 端口定义前 8 个引脚。同样，如果需要，也可以自定义名称。

	A	B
1	PA0	PA0
2	PA1	PA1
3	PA2	PA2
4	PA3	PA3
5	PA4	PA4
6	PA5	PA5
7	PA6	PA6
8	PA7	PA7

图 5.7

在图 5.7 中，可以看到 pins.csv 的摘录，它定义了目标上存在哪些引脚及其命名结果。

4．stm3214xx_hal_conf.h

stm32l4xx_hal_conf.h 文件定义了在代码库中定义和启用哪些外设模块。例如，如果目标设备支持 CAN，则将创建以下定义。

```
#define HAL_CAN_MODULE_ENABLED
```

如果设备不支持 CAN，那么该定义将被注释掉，这样它就不包括在代码库中。stm32l4xx_hal_conf.h 模块的代码片段如下所示。

```
/* ########################## Module Selection ############# */
/**
 * @brief This is the list of modules to be used in the HAL driver
 */
#define HAL_MODULE_ENABLEd
#define HAL_ADC_MODULE_ENABLED
#define HAL_CAN_MODULE_ENABLED
/* #define HAL_COMP_MODULE_ENABLED */
#define HAL_CORTEX_MODULE_ENABLED
/* #define HAL_CRC_MODULE_ENABLED */
/* #define HAL_CRYP_MODULE_ENABLED */
#define HAL_DAC_MODULE_ENABLED
/* #define HAL_DFSM_MODULE_ENABLED */
#define HAL_DMA_MODULE_ENABLED
/* #define HAL_FIREWALL_MODULE_ENABLED */
#define HAL_FLASH_MODULE_ENABLED
```

目标板文件夹中包含的 4 个文件定义了该板的配置方式，以及一旦代码被编译和推送到目标后它的行为方式。在编译和部署项目之前，首先查看一下启动代码，以及如何使用自定义启动配置修改它。

5.3　访问启动代码

STM32 端口的启动代码可以在 main.c 中找到，main.c 位于 micropython/ports/STM32 目录中。此文件夹还包含各种外围模块的代码。为了了解启动代码的大致情况，建议打开 main.c 并找到 stm32_main 函数。stm32_main 函数包含 MicroPython 的初始化序列。

除了 stm32_main.c，main.c 模块还包含几个用于支持系统启动的附加函数。main.c 中的支持代码包括以下项目的附加初始化操作。

❏　flash 错误状态码。

❏　文件系统重置代码，如创建默认的 main.py 和 boot.py 文件。

❏　文件系统初始化。

❏　SD 卡初始化。

初始化序列并不复杂，但它确实包含了相当多的步骤。当遇到这样的代码库时，首先打开用于软件架构开发的软件包并绘制序列。在流程图中绘制初始化过程有助于可视化代码执行的操作，并在需要的时候引用这个图表。由于启动序列很长，我们将查看一系列图表，大致显示 MicroPython 是如何启动的。当浏览序列并检查代码时，可能会发现其中遗漏了一些细节，而这些细节内容对于本书的讨论来说并不重要。

（1）初始化从设置处理器缓存和预取缓冲区开始。高端 STM32 设备包括缓存和其他几项旨在提高执行效率的功能。一旦设置了缓存，初始化遵循的顺序与嵌入式软件工程师在任何系统中所期望的非常相似。首先，设置一个系统时钟。MicroPython 将使用 STM32 HAL API，而该 API 需要一个系统时钟来跟踪时间。

（2）接下来，GPIO 时钟被初始化。每个外设都有一个时钟，可以根据外设是否被使用而打开或关闭。默认情况下，这些时钟是关闭的，以使能源效率最大化。这只是意味着在初始化外设之前，必须将每个外设打开。在 GPIO 时钟被初始化后，有一个选项可以调用一个名为 MICRO_BOARD_EARLY_INIT 的函数。

MICRO_BOARD_EARLY_INIT 是一个有趣的可选函数，它使开发人员能够执行自定义代码初始化开发板及其连接的项目。这里，可以通过在 mpconfigboard.h 文件中定义 MICRO_BOARD_EARLY_INIT，然后在自定义模块中定义该函数来配置是否执行此函数。

当为开发板创建自定义初始化时，我们将在下一节中更详细地讨论此函数。图 5.8 显示了到目前为止的初始化顺序。

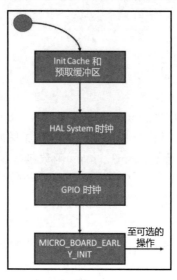

图 5.8

（3）在初始化序列的这一点上，我们进入了一个包含几个可选初始化的序列。例如，如果开发者愿意，他们可以启用启动时的 RAM 测试，验证 RAM 以确保内存的完整性。此外，还可以初始化线程支持和 LWIP 网络栈。如果开发板上配置了一个用户开关，该开关也被初始化。之所以这么早初始化开关，是因为按住开关可以迫使系统恢复默认设置或进入其他模式。关于这方面的更多信息可以在 MicroPython 在线文档中找到（参考"进一步阅读"部分）。具体的顺序如图 5.9 所示。

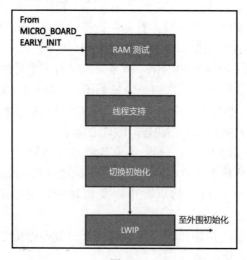

图 5.9

对于初始化过程，该序列是可配置和可选的，它基于开发人员可以自定义的
MicroPython 内核配置文件。

（4）初始化可选特性之后，内核将设置常用的外设。其中包括 UART、SPI、I2C、
SD 卡和通用内存管理，如图 5.10 所示。

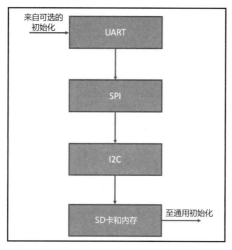

图 5.10

（5）设置好外围设备后，下一个序列初始化 MicroPython。这需要首先设置 LED 状
态，配置垃圾收集，然后设置高级外设，如 CAN 和 USB。图 5.11 显示了初始化 MicroPython
内核的第一步。

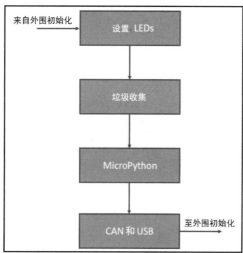

图 5.11

　　最后配置 MicroPython 并设置微控制器。剩下要做的事情就是挂载应用程序将要使用的文件系统，并初始化可能连接的任何外部设备，如加速度计、网络控制器、伺服电机等。在设置完这些内容后，将检查文件系统中的当前目录是否存在 boot.py 脚本，并执行该脚本。在为设备配置了一些基本的 USB 设置之后，boot.py 通常只指向 main.py。这些设置超出了当前讨论的范围，有关它们的更多信息可以在 MicroPython 文档中找到。

　　如果 boot.py 发现没有 main.py，或者它可能只是一个简短或空白的脚本，那么 REPL 将被加载，我们可以通过 REPL 与系统交互。最终序列（即初始化序列中的最后几个步骤，导致运行板载脚本或进入 REPL）如图 5.12 所示。

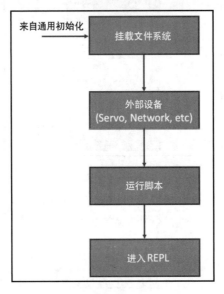

图 5.12

　　如果对启动代码进行更深入的研究，将会发现，如果开发者通过 REPL 使用 Ctrl + D 组合键软复位系统，那么接下来会有一些额外的步骤。现在，我们不需要担心这些额外的代码，但建议查看这些额外的内容并尝试理解它们。

　　稍后将研究如何通过创建自己的 MICRO_BOARD_EARLY_INIT 函数来定制内核的启动代码，该函数将板载 GPIO 配置为与应用程序匹配的设置。

　　有时候，开发人员可能希望自定义 GPIO 引脚的启动状态。例如，电路板上可能有一个次级电源调节器，它将为需要置于初始状态的电路供电（无论是开还是关）。相应地，可能有一个设备连接到一个引脚来驱动它，这里要确保它被配置为输入。无论情况如何，都可以使用自定义初始化代码来定制内核，这些代码将在启动过程的早期设置引脚状态。

自定义启动代码的步骤十分简单，如下所示。

（1）用 MICROPY_BOARD_EARLY_INIT 定义和将要调用的函数名更新 mpconfigboard.h 开发板模块。

（2）创建模块以包含代码。

（3）定义执行的函数。

（4）添加自定义启动代码。

下面将逐一讨论各项步骤。

（1）打开 mpconfigboard.h 并创建一个宏，该宏定义了希望在引导过程早期执行的函数。对此，可访问开发板文件目录（B_L475E_IOT01A），然后添加下列代码。

```
void MyCustom_board_early_init(void);
#define MICROPY_BOARD_EARLY_INIT MyCustom_board_early_init
```

记住，MicroPython 内核是用 C 语言编写的，所以我们将为这个定制编写 C 代码。前一行代码定义了 MICROPY_BOARD_EARLY_INIT 宏，该宏将用对 MyCustom_board_early_init 的调用替换所有出现的宏。替换将发生在 main.c 中的 stm32_main 函数中，之前曾看到过这个函数。此外，需要确保为函数提供了声明。public 声明放置在头文件中，因此可以在宏之前创建声明。

（2）创建 MyCustom_board_early_init 函数。创建此函数的最佳位置在添加到 B_L475E_IOT01A 开发板文件夹的自定义模块中。通过使用此文件夹，可以将所有自定义代码保存在一个位置，并防止意外更改任何核心 MicroPython 内核代码。笔者的偏好是创建一个名为 board_init.c 的模块。

（3）添加使内核成功编译所需的最少数量的代码。这可以通过添加以下 include 文件来完成。

```
#include STM32_HAL_H
#include <stdio.h>
#include <stdint.h>
```

（4）用下面的 C 代码添加 MyCustom_board_early_init 的定义。

```
void MyCustom_board_early_init(void)
{
    // Place your custom init code here!
}
```

（5）添加自定义代码。对于 B_L475E_IOT01A，很可能要调整 Arduino 头的数字引脚的默认设置。这里有 16 个引脚可以配置，即 D0～D15。此外，还有 6 个模拟引脚，如果愿意，可以将其转换成数字引脚。下面考查如何初始化一个输入、输出和模拟的引脚。

首先需要确保为 GPIO 端口启用正确的时钟，以便能够使用该引脚。为了做到这一点，必须检查 B_L475E_IOT01A 的原理图，该图可以在意法半导体网站上找到。随后将会发现，数字引脚分散在几个 GPIO 端口，这就要求我们创建自己的参考表，以方便使用这些引脚。 将 Arduino 头名称映射到微控制器引脚如表 5.2 所示。

表 5.2

Arduino 头名称	微处理器端口名称	Arduino 头函数
D0	PA1	GPIO/UART4 RX
D1	PA0	GPIO/UART4_TX
D2	PD14	GPIO/INT0_EXTI14
D3	PB0	GPIO/PWM/INT1_EXTI0
D4	PA3	GPIO
D5	PB4	GPIO/PWM
D6	PB1	GPIO/PWM
D7	PA4	GPIO
D8	PB2	GPIO
D9	PA15	GPIO/PWM
D10	PA10	GPIO/SPI1_SS/PWM
D11	PA7	GPIO/SPI1_MOSI/PWM
D12	PA6	GPIO/SPI1_MISO
D13	PA5	GPIO/SPI1_SCK/LED1
D14	PB9	GPIO/I2C1_SDA
D15	PB8	GPIO/I2C1_SCL

在添加任何自定义代码之前，需要确保启用了这些端口的时钟。添加到 MyCustom_board_early_init 函数中的 C 代码如下所示。

```
__GPIOA_CLK_ENABLE();
__GPIOB_CLK_ENABLE();
__GPIOD_CLK_ENABLE();
```

MicroPython 内核使用 STM32 HAL，并已经定义了低级访问函数，所以不需要自己编写低级代码。我们可以很容易地利用 STM32 HAL 来初始化系统，然后等待 MicroPython 内核启动并在 Python 脚本中执行任何繁重的工作。在访问这些函数之前，先创建一些辅助变量并进行初始化，以便可以轻松地配置引脚。

（1）针对 GPIO 输出创建初始化结构，进而配置 GPIO 引脚的典型参数，如下所示。

```
GPIO_InitTypeDef GPIO_InitOutput;
GPIO_InitOutput.Speed = GPIO_SPEED_HIGH;
GPIO_InitOutput.Mode = GPIO_MODE_OUTPUT_PP;
GPIO_InitOutput.Pull = GPIO_PULLUP;
```

（2）针对输入引脚创建类似的结构，如下所示。

```
GPIO_InitTypeDef GPIO_InitInput;
GPIO_InitInput.Speed = GPIO_SPEED_HIGH;
GPIO_InitInput.Mode = GPIO_MODE_INPUT;
GPIO_InitInput.Pull = GPIO_NOPULL;
```

（3）为模拟创建一个配置变量，如下所示。

```
GPIO_InitTypeDef GPIO_InitAnalog;
GPIO_InitAnalog.Speed = GPIO_SPEED_HIGH;
GPIO_InitAnalog.Mode = GPIO_MODE_ANALOG;
GPIO_InitAnalog.Pull = GPIO_NOPULL;
```

从该模式中可以看到，如果愿意，可以很容易地为 I2C、SPI、PWM 和其他外设设置配置结构，感兴趣的读者可对此进行尝试。这超出了我们讨论的范围，在此不再介绍。

每个引脚根据所需功能单独配置。为了节省空间，我们只配置几个引脚作为示例，读者可以根据需要定制自己的初始化过程。下面从初始化端口开始，如下所示。

- ❑ D0——高。
- ❑ D1——低。
- ❑ D2——高。
- ❑ D3——低。

默认情况下，开发板将引脚初始化为"高"，因此应该能够轻松地在逻辑分析仪的输出上看到此模式。

设置引脚的代码则较为简单，如下所示。

（1）在设置为输出之前，先将输出状态写入引脚。这是一种常见的做法，以防止在配置过程中输出引脚上出现任何临时的瞬态行为。一旦设置了引脚，即可将它配置为输出。STM32 的 HAL 代码设置了 D0 和 D1 Arduino 头，且有必要将 D0 和 D1 引脚设置和配置为输出，如下所示。

```
// Set Arduino-D0 High (PA1) then configure the pin
HAL_GPIO_WritePin(GPIOA, GPIO_PIN_1, GPIO_PIN_SET);
GPIO_InitOutput.Pin = GPIO_PIN_1;
```

```
HAL_GPIO_Init(GPIOA, &GPIO_InitOutput);

// Set Arduino-D1 High (PA0) then configure the pin
HAL_GPIO_WritePin(GPIOA, GPIO_PIN_0, GPIO_PIN_RESET);
GPIO_InitOutput.Pin = GPIO_PIN_0;
HAL_GPIO_Init(GPIOA, &GPIO_InitOutput);
```

设置和配置 D2 和 D3 引脚为输出所需的 STM32 HAL 代码如下所示。

```
// Set Arduino-D2 High (PD14) then configure the pin
HAL_GPIO_WritePin(GPIOD, GPIO_PIN_14, GPIO_PIN_SET);
GPIO_InitOutput.Pin = GPIO_PIN_14;
HAL_GPIO_Init(GPIOD, &GPIO_InitOutput);

// Set Arduino-D3 High (PB0) then configure the pin
HAL_GPIO_WritePin(GPIOB, GPIO_PIN_0, GPIO_PIN_RESET);
GPIO_InitOutput.Pin = GPIO_PIN_0;
HAL_GPIO_Init(GPIOB, &GPIO_InitOutput);
```

（2）选择另一个数字引脚并配置为输入。这里选择 D7，因为这是一个专用于 GPIO 的引脚。我们可以配置引脚作为数字输入，如下面的代码所示。

```
GPIO_InitInput.Pin = GPIO_PIN_4;
HAL_GPIO_Init(GPIOA, &GPIO_InitInput);
```

（3）可以将引脚设置为模拟引脚，如 A0。将 A0 引脚配置为模拟输入所需的 STM32 HAL 代码如下所示。

```
GPIO_InitAnalog.Pin = GPIO_PIN_0;
HAL_GPIO_Init(GPIOC, &GPIO_InitAnalog);
```

记住，我们不一定要定制内核代码。一旦 MicroPython 内核加载完成，即可在 Python 脚本中配置这些引脚。如前所述，有时尽可能快地配置引脚是至关重要的，这就是为什么我们希望以这种方式自定义内核。

有时，可能希望减少存于 MicroPython 文件系统上的代码量，并提高执行效率。对此，可将模块编译成字节码，然后将它们包含在 MicroPython 文件系统中，或直接将模块构建到内核中。下面将讨论如何将 MicroPython 模块添加到内核中。

5.4　将 MicroPython 模块添加至内核中

MicroPython 有一个特性，即允许开发人员编译自己的库，然后将它们包含在

MicroPython 内核中。这些模块通常被称为冻结模块，因为它们被编译成字节码。将模块编译为冻结模块有以下几个优点。

- ❑　如果不刷新内核，就不能修改 Python 模块。
- ❑　模块被编译成字节码，这样源代码就不会被窥探。
- ❑　更新应用程序脚本更快，因为需要更新的模块更少。
- ❑　如果文件系统出现问题，并且它被设置回默认值，编译后的模块仍然存在，并且可以作为默认脚本的一部分调用，以使系统恢复到安全状态。
- ❑　如果模块具有对速度至关重要的功能，可以把编译后的模块放进零等待 RAM 中，这能确保它以尽可能高效的方式执行。
- ❑　编译后的模块可以在闪存中存储和执行，这将为存储在文件系统上的 Python 编译器和脚本释放 RAM。

下面看一下如何使用 MPY 交叉编译器来编译我们在第 3 章中创建的 PCA8574.py、button_rgb 和 LED_RGB 模块。

当第一次下载 MicroPython 代码时，读者可能已经注意到，在主目录中有一个 py-cross 文件夹，该文件夹包含 MicroPython 交叉编译器。在对自己的代码运行交叉编译器之前，首先需要重新构建它。

（1）访问 micropython 主目录。在终端中执行 ls 会显示如图 5.13 所示的目录结构。

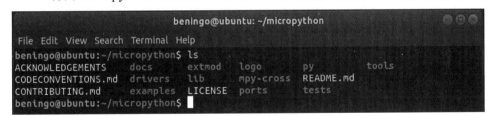

图 5.13

（2）在终端中输入下列命令并按 Enter 键。

```
make -C mpy-cross
```

（3）mpy-cross 工具现在应该已经编译完毕，我们准备好交叉编译第一个模块了。在此之前，要确保所有冻结模块都存储在与正在处理的电路板相关的单个文件夹中。在本例中，我们希望导航到 ports/stm32/boards/B_L475E_IOT01A 文件夹并创建一个 scripts 文件夹。该文件夹将保存所有的冻结模块。由于目录结构很深，此处建议在 my -cross 中创建一个 scripts 文件夹。我们将使用这个文件夹来编译模块，然后将其移动到 board 文件夹的 scripts 文件夹中。笔者发现这是最不容易出错的方法，当然，读者也可以使用自己最熟悉的方法。

（4）将 PCA8574.py、button_rgb 和 LED_RGB 模块复制到 mpy‐cross 中的 scripts 文件夹中。现在我们已经准备好交叉编译模块了。

在终端中，访问 mpy-cross 目录，并于随后输入下列终端命令。

```
./mpy-cross scripts/button_rgb.py
./mpy-cross scripts/LED_RGB.py
./mpy-cross scripts/PCA8574.py
```

查看 scripts 目录，将会发现每个文件都有一个同名的文件，但扩展名为.mpy。图 5.14 显示了一个例子。

图 5.14

交叉编译 Python 模块后，可在其 scripts 目录中找到一个匹配的.mpy 文件，这是其模块的字节码。

.mpy 文件是编译后的字节码模块，现在可以将它们复制到 MicroPython 文件系统中。如果模块在应用程序中被引用，则将执行预编译的字节码。请记住，如果要编译很多模块，那么交叉编译器一次只能处理一个文件。对此，开发一个脚本可能更有用，该脚本将提取目录中 Python 脚本的文件名，然后调用 py-cross。这将减少大量的终端工作。

需要注意的是，只有在计划将生成的.mpy 文件手动部署到设备文件系统中时，才需要使用 mpy-cross。如果想要将其部署到内核中，则可以将它们包含在内核构建中，并且 make 文件会自动编译 Python 脚本。我们只需要确保将内核指向脚本所在的位置即可。

现在，我们已经成功地对内核进行了所需的更改。接下来看一下如何将带有冻结模块的新内核部署到开发板上。

5.5 将自定义内核部署至开发板上

为了将自定义内核部署到开发板上，需要遵循两个步骤。首先需要编译新的内核。其次需要将输出文件编程到开发板上的闪存中。下面首先讨论如何编译内核。

5.5.1 编译后的输出文件

编译内核只需要执行几条命令，这些命令将在 MicroPython 端口上运行 make 文件。在尝试调用 make 文件之前，先返回到终端中的 ports/stm32/文件夹，建议执行以下命令来清除以前编译过的内核版本。

```
make clean BOARD=B_L475E_IOT01A
```

随后执行以下语句来编译内核。

```
make BOARD=B_L475E_IOT01A
```

在这种情况下，使用该命令将不包括包含在内核中的模块，且必须告诉编译器将这些模块包含在内核中，并通知编译器这些模块的位置。对此，可执行下列命令。

```
make BOARD= B_L475E_IOT01A FROZEN_MPY_DIR=boards/B_L475E_IOT01A /scripts
```

取决于编译内核的机器，编译过程可能需要几分钟。完成后，应可看到如图 5.15 所示的输出结果。

```
CC usbdev/class/src/usbd_msc_bot.c
CC usbdev/class/src/usbd_msc_scsi.c
CC usbdev/class/src/usbd_msc_data.c
CC build-B_L475E_IOT01A/pins_B_L475E_IOT01A.c
LINK build-B_L475E_IOT01A/firmware.elf
   text    data     bss     dec     hex filename
 322608     104   27772  350484   55914 build-B_L475E_IOT01A/firmware.elf
GEN build-B_L475E_IOT01A/firmware.dfu
GEN build-B_L475E_IOT01A/firmware.hex
beningo@ubuntu:~/micropython/ports/stm32$
```

图 5.15

回顾一下输出信息，查看一下是否能找到.mpy 模块，这是一个验证.mpy 模块是否被包含在内核构建中的好方法。如图 5.16 所示，对应条目将以 MPY 开始，然后包括模块的路径和文件名。

```
MPY boards/B_L475E_IOT01A/scripts/PCA8574.py
MPY boards/B_L475E_IOT01A/scripts/button_rgb.py
MPY boards/B_L475E_IOT01A/scripts/LED_RGB.py
GEN build-B_L475E_IOT01A/frozen_mpy.c
CC build-B_L475E_IOT01A/frozen_mpy.c
```

图 5.16

从图中可以看到，如果打算在内核中包含 Python 模块，一般不需要用 mpy-cross 来预编译它们。相反，可以让 MicroPython 的 make 文件交叉编译这些模块，这可以减少大量的手工工作。

接下来将把自定义内核部署至开发板上。

5.5.2 对开发板编程

回顾一下，有两种不同类型的文件是由构建过程产生的。一个是 .dfu 文件。.dfu 文件是一种设备固件更新（DFU）文件，被 USB 标准所支持。我们可以使用基于 Linux 的 dfu-util 或意法半导体公司的 DfuSe 工具将这些文件编程到闪存中。另一个是十六进制文件。我们也可以使用意法半导体公司的 ST 工具对电路板进行编程。

笔者倾向于使用 dfu-util。这是最简单的方法，因为它不需要使用外部闪存编程器。DFU 更新机制是内置在 STM32 微控制器中的，在微控制器启动时将引导引脚拉高，然后加载 STM32 引导程序，该程序可以与 dfu-util 通信以执行固件更新。

如果查看 B_L475E_IOT01A 的原理图，将会注意到开发板有一个焊接桥（SB），可以用来选择从闪存或引导程序模式启动。SB9 和 SB13 焊接桥如图 5.17 所示。

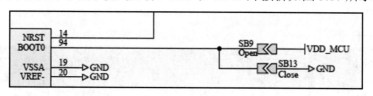

图 5.17

B_L475E_IOT01A 原理图显示，可以使用内置在开发板中的焊接桥来控制 BOOT0 引脚。

这些焊接桥的工作方式的问题是，如果想从闪存启动，则需要在 SB13 上焊接一个桥。如果想让 DFU 运行，则需要拆掉 SB13，然后焊上 SB9。很明显，这在开发或生产过程中是不方便的。轻松切换模式的最佳方案是增加一个开关，进而选择希望处理器启动的模式。图 5.18 显示了给电路板添加开关的通用电路图。

图 5.18 显示了一个简单的开关电路，可以用来控制开发板是以闪存模式启动还是以引导程序模式启动。

在开发板上增加一个开关需要 5 个步骤，如下所示。

（1）拆焊 SB13。

（2）将一个 10K 0603 电阻焊接到 SB13 上。

（3）使用 30 号缠绕线将引线焊接到开关上。

（4）将第一条引线焊接到 SB9 的 VDD_MCU 引线上。

（5）将第二条引线焊接到 SB9 的 BOOT0 侧。

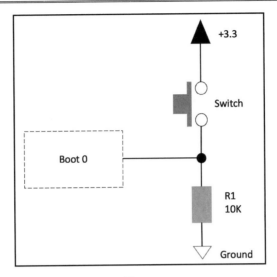

图 5.18

当前，开关可以控制微控制器以哪种模式启动。

现在可以对电路板进行编程了。当第一次对 B_L475E_IOT01A 编程时，DFU 实用程序似乎没有在开发板上执行完整的芯片擦除。由于 B_L475E_IOT01A 附带了一些预安装的应用程序，因此下载 st-link 实用程序并对开发板执行芯片擦除是很有用的。这将提供一个干净的环境来加载新的 MicroPython 内核。这里并不打算详细介绍如何使用 st-link 实用程序，只给出需要遵循的步骤，如下所示。

（1）下载 st-link 实用程序。

（2）安装实用程序。

（3）运行实用程序。

（4）使用 st-link USB 连接器插入 B_L475E_IOT01A。

（5）选择 Program | Chip Erase。

此时将持有完全擦除的微控制器。

在 Linux 终端，利用下列命令安装 dfu-util。

```
sudo apt-get install dfu-util
```

翻转安装在 B_L475E_IOT01A 上的开关，然后按下开发板上的重置按钮，使其枚举为 STM32 引导加载程序，这即是 DFUcapable 模式。使用以下命令对设备进行编程。

```
dfu-util -a 0 0483:df11 -D build-B_L475E_IOT01A/firmware.dfu
```

自定义 MicroPython 内核现在已经安装在主板上，接下来即可对其进行测试。

5.5.3   测试更新后的内核

一旦对 B_L475E_IOT01A 进行了编程，可将开关拨回正常启动状态，然后按下开发板上的重置按钮。此时应该看到熟悉的 pyb 驱动器挂载在文件系统上，并且可以访问 MicroPython REPL。为了测试我们的库是否包括在内，并且一切都如预期的那样工作，这里将完成两项操作。首先将连接 RobotDyn I/O 扩展器和 RGB 按钮，以便可以在新内核和主板上运行第 3 章中的应用程序。其次将使用逻辑分析器来查看初始化的引脚，以确保其行为与设置的方式一致。

连接 RobotDyn I/O 扩展器和 RGB 按钮的示意图与第 3 章中看到的稍有不同，这是因为我们使用了一个不同的开发板，以及不同的引脚分配。这些变化非常小，很容易在原理图上进行更改，结果如图 5.19 所示。

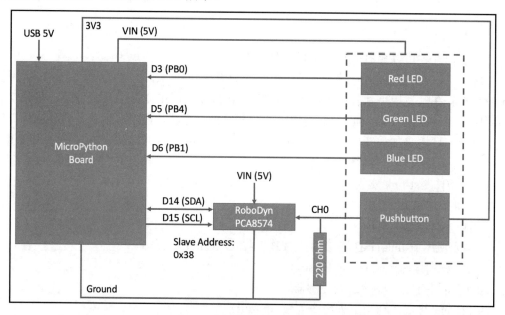

图 5.19

可以看到，对于 PWM 通道，这里列出了 Arduino 连接器名称和物理微控制器引脚端口。这样做的原因是，虽然在软件中会倾向于使用 Arduino 引脚表示法，但内核正在使用微控制器引脚。因此，在更新的代码中，将不使用 D3 来访问 D3 引脚，而是使用 PB0。如果想更改此设置，可以返回内核并在 B_L475E_IOT01A 板文件夹中的 pins 文件中更改引脚指定，然后重新编译和部署内核。

第 1 章内容曾提到将 Python 应用程序在不同硬件平台之间移植的简便性，稍后即将看到一个完美的例子。在第 3 章中，我们首先为 Pyboard 开发了一个应用程序，该应用程序控制 RGB LED 和 I/O 扩展器。通过新的开发板，可以将原始的 main.py 脚本复制到新开发板的文件系统中。注意，我们不需要包括支持库，因为它们已经内置于内核中。

现在需要对代码进行 3 处修改：

（1）更新用于 PWM 的引脚。

（2）更新用于生成 PWM 的定时器。

（3）更新用于生成 WM 的计时器通道。

这需要我们做以下更改：

```
Line 57: PinList = [Pin('PB0'), Pin('PB4'), Pin('PB1')]
Line 60: TimerList = [3,3,3]
Line 66: TimerChList = [3,4,1]
```

我们刚刚将整个应用程序转移到新的 MicroPython 开发板上，只需要对上述 3 行代码进行更改。现在可以将逻辑分析仪连接到 D0～D3、D14、D15 和 D9 Arduino 引脚上，并以与前几章相同的方式运行应用程序。当我们这样做并获得跟踪时，对应结果如图 5.20 所示。

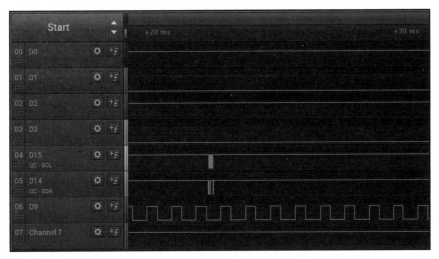

图 5.20

部署调整默认 I/O 状态的自定义内核可以在图 5.20 中看到。生成的模式为高、低、高、低、I2C SCL、I2C SDA，然后是 PWM 信号。

这里，自定义初始化的 GPIO 被设置为预期的状态。同时可以看到发送到 RobotDyn

板的 I2C 消息，并且红色 LED 处于打开状态，有一个 PWM 信号驱动着 LED 的行为，就像以前一样。

5.6　本章小结

在本章中，开发者能够进入 MicroPython 内核并为自己的应用进行定制。这些定制可以简单到调整开发板上的引脚名称或调整 GPIO 引脚的启动状态，也可以复杂到与外部设备进行通信。此外，还可以将模块转换为冻结模块，然后将其内置到 MicroPython 内核中，从而节省空间并提高应用程序的执行效率。如果需要更新这些模块，可以使用 mpy-cross 对其进行交叉编译，并将模块的预编译字节码版本部署到文件系统中。

现在，我们已经对如何开发 MicroPython 应用程序，以及如何定制内核有了坚实的基础，在第 6 章中，我们将研究如何创建自己的定制调试工具，进而可视化系统中的数据。

5.7　本章练习

1．在内核的哪个文件夹中可以找到 MicroPython 支持的所有架构？

2．哪种微控制器架构有最多支持的开发板？

3．boards 文件夹中可以找到哪 3 种类型的文件？

4．MicroPython 使 STM32L475E_IOT01A 感兴趣的一些特性是什么？

5．可以修改开发板的哪个内核文件，以改变在 MicroPython 脚本中用于控制引脚的引脚指定？

6．为了自定义启动代码初始化，必须定义什么函数？

7．自定义启动代码应遵循哪些步骤？

8．用于生成.mpy 文件和将 Python 脚本转换为冻结模块的编译器工具是什么？

9．使用冻结模块有哪些优点？

10．用于编译带有冻结模块内核的命令是什么？

5.8　进一步阅读

1．微处理器上的 MicroPython：http://docs.micropython.org/en/v1.9.3/unix/reference/constrained.html。

2．MicroPython 的通用文档：https://docs.micropython.org/en/latest/。

第6章 自定义调试工具以可视化传感器数据

嵌入式软件开发人员面临的最大挑战是排除嵌入式系统的故障。当笔者在 Embedded World、Embedded Systems Conference 和 Arm TechCon 等会议上演讲，或者对自己的课程和新闻通信系统（Embedded Bytes）的注册用户和参与者进行调查时发现，开发人员会将40%的时间用于调试他们的软件。如果平均项目长度为 12 个月，则进行故障处理工作的时间可长达一年。

调试和可视化嵌入式系统可以帮助开发者减少花在调试上的时间，因为它为开发者提供了关键的系统信息，以及一种软件的可视化方法。在本章中，我们将使用 Python 构建一个工具，以便能够可视化基于 MicroPython 的嵌入式系统正在执行的操作。随后将创建一个测试系统，生成一系列传感器数据流，然后在主机上接收以可视化系统行为。

本章主要涉及下列主题。

❑ 调试和可视化嵌入式系统。

❑ 可视化工具的需求。

❑ 可视化工具的设计。

❑ 构建可视化工具。

❑ 测试并运行可视化工具。

6.1 技 术 需 求

读者可访问 GitHub 查看本章的示例代码，对应网址为 https://github.com/PacktPublishing/MicroPython-Projects/tree/master/Chapter06。

当运行相关示例时，须安装下列软件和硬件。

❑ 支持 MicroPython 的开发板。

❑ UART-USB 转换器。

❑ 运行 Python 3.x 的主机。

❑ 终端应用程序（如 PuTTY、RealTerm、Terminal 等）。

❑ 文本编辑器（如 Sublime Text）。

6.2　调试和可视化嵌入式系统

俗话说，一图胜千言。作为开发者，我们生活在由 1 和 0、寄存器、外设以及与其相互作用的脚本组成的世界中。了解软件正在做什么或连接到它的传感器有助于更快速地开发系统，同时也能帮助我们了解系统正在做什么，并更好地理解软件是如何执行的。

如果在谷歌上搜索串行通信绘图，则会发现有超过一百万个网页，涵盖了诸如 Mbed 的串行端口绘图仪、MegunoLink、ArduinoPlot 等工具。这些工具中有些是免费的，而有些则需要花费不到 50 美元的许可证费用。尽管存在这么多选择，但如果要开发一个嵌入式系统，则没有一个工具能够提供所需的灵活性和可扩展性。

虽然可以选择并使用最适合的制图软件，但是我们自己创建可视化工具可能有许多优点，例如：

❑　可以定制用户界面。

❑　可以将任意数量的数据发送到任意数量的图表中。

❑　可以过滤接收到的数据。

❑　如果需要后续分析，可以选择将数据保存到文件中。

❑　可以创建按钮来发送指令和控制系统。

除此之外，还可轻松地根据自己的目的调整工具。例如，我们可能决定不仅要查看传感器数据，还要让任务在开始和停止执行时发送消息。这将允许我们创建自己的自定义跟踪软件，并以此来调试我们编写的软件。

下面定义自定义调试工具的需求条件，进而可视化传感器数据。

6.3　可视化工具的需求

开发可视化工具的主要目的是开发基本代码，用于通过串行端口接收来自 MicroPython 板的数据并解析该数据，以便可以实时绘制图形。对此，需要考虑两个主要领域的需求，即硬件和软件。

6.3.1　硬件需求

严格来讲，我们将要设计的可视化工具是一个软件开发项目，该项目缺少硬件需求条件。然而，这里有一些一般性的建议。

首先，可以使用任何感兴趣的 MicroPython 开发板。示例项目将使用 STM32L475 IoT Discovery 开发板，因此可能需要对脚本进行一些修改，以确保为开发板使用正确的硬件端口。

其次，该项目将通过标准 UART 接口将传感器数据发送到可视化工具。假设监控的传感器正在传输湿度和温度数据，所以采样率会很慢。这将允许我们将波特率设置为 115200b/s，对于处理将以超过 10Hz 的速率监控的传感器来说，这是相当快的。额外的传感器也可以以更快的波特率添加到系统中。开发人员只需要确保他们能够成功地将所有数据传输到主机即可。由于 115200b/s 对于现代硬件来说是一个相对较慢的波特率，开发人员可能还会考虑将波特率提高到 1000000b/s。

再次，请记住，将串行数据发送到可视化工具的方法不止一种。如果开发人员愿意，他们可以修改 boot.py，以便 MicroPython 板显示为虚拟通信端口（VCP）。这可以通过取消 boot.py 中的以下注释行来实现。

```
pyb.usb_mode('VCP+MSC') # act as a serial and a storage device
```

使用 VCP 的唯一优点是，不需要 UART-USB 转换器来为可视化工具提供要绘制的串行数据。

最后，由于希望可视化工具能够处理通用的传感器数据，我们可以选择一个传感器模块来收集湿度和温度数据、解析数据，并将其发送到可视化工具，或者可以创建不需要连接到设备的任何外部传感器的测试数据。

6.3.2　软件需求

开发可视化工具的软件需求如下所示。
- 可视化工具将用 Python 3.x 编写。
- 可视化工具将通过可选的通信端口接收主机上的传感器数据。
- 当新的传感器数据可用时，传感器数据将实时显示。
- 可视化工具将是可扩展和可重用的，以便可以在未来的开发项目中使用（这将贯穿本书的其余部分）。

这些需求展示了需要实现的特性，并将实现细节留给开发人员以供判断。

6.4　可视化工具的设计

在项目的这个阶段，我们已经确定了项目的需求。现在将开发硬件和软件架构。表示架构的较好方法是使用一张通用图，该图指明了我们需要前往的方向，但不会提供足够的细节来限制如何到达目的地。另外，架构应该是灵活的，以便可以随时应对任何更改的需求。

6.4.1　可视化工具的硬件架构

如前所述，有两种方法可以为可视化工具设计硬件接口。首先，可以使用实时传感器，如温度和湿度传感器（AM2302、DHT11 或 DHT22）。这些传感器通常只有 VCC、接地和数据输出。读者可在 Adafruit 网站上查看这些传感器的完整教程，对应网址为 https://learn.adafruit.com/dht/connecting-to-a-dhtxx-sensor。

在设置 STM32L475 IoT Discovery 开发板的配置过程中，可以使用如图 6.1 所示的设置将实时传感器连接到开发板和可视化器。

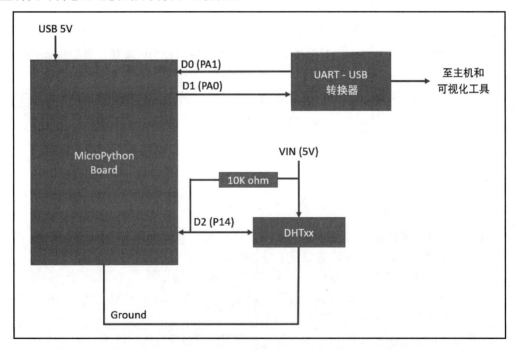

图 6.1

图 6.1 所示是一个如何将 MicroPython 开发板和传感器连接到运行可视化工具的主机的示例设置。

使用此设置的主要缺点之一是，系统中有几个未知因素。我们集成了一个需要验证并确保代码能够正常工作的传感器，然后必须开发与可视化工具通信的代码。我们选择的传感器可能变化不大，因此可能很难有效地证明可视化工具的正确性。

这使我们转向第二个选项，即目前不使用实时传感器，而是生成已知值发送到可视化工具，以便验证可视化工具工作正常，从而可以将传感器添加到系统中。这样做有几个优点，例如：

- ❑ 编写的代码更少。
- ❑ 无须对传感器代码进行故障排除。
- ❑ 硬件设置更简单。

对于当前项目，我们将使用一个简化的硬件配置来开发可视化工具，如图 6.2 所示。

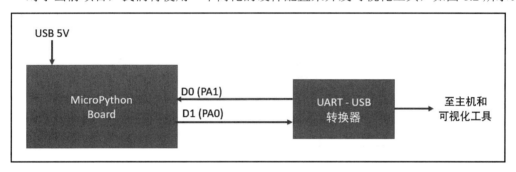

图 6.2

6.4.2　可视化工具的软件架构

回顾一下项目的软件需求，可以确定可视化工具需要提供几个关键功能，包括：

- ❑ 打开和关闭所需的通信端口。
- ❑ 在图表上设置和显示数据。
- ❑ 接收和解析来自通信端口的数据。
- ❑ 在图表上绘制数据。

我们可以用一个非常简单的软件流程图来表示这些特征，如图 6.3 所示。

如图 6.3 所示，当运行脚本时，需要指定期望数据进入的通信端口。然后，配置用于显示图表的库并将其设置好以准备运行。在这一点上，我们只需要等待接收数据即可。

当接收到数据后，要从接收缓冲区中提取该数据并进行解析，以确定该数据应绘制在哪个图表上。数据被绘制后，我们等待接收更多数据。如果没有要绘制的数据，则可以简单地使应用程序休眠，或者如果想要更高级一些，可以设置通知表明数据存在。此时，我们可以准备开始构建可视化工具。

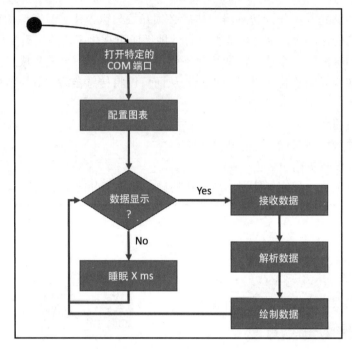

图 6.3

6.5　构建可视化工具

构建可视化工具将利用现有的库，以最大限度地减少接收和绘制数据所需的工作量。对于当前项目，存在两个值得关注的库，即 pySerial 和 Matplotlib。

pySerial 是一个 Python 模块，封装了与串行端口交互所需的所有特性和函数。pySerial 可以在多个操作系统上运行，例如 Windows、macOS 和 Linux 等。它包含一个名为 serial 的模块，该模块提供了与串行端口交互的有用功能，例如：

❑　打开。

❑　关闭。

❑　发送。

❑　接收。

Matplotlib 是一个 Python 库，提供了 2D 数据绘图的功能，可交互使用或用于出版质量的图形。Matplotlib 可以创建的图表数量和类型非常多。出于当前目的，我们将只使用传统的散点图。

6.5.1　安装项目库

编写代码之前，应确保主机上所有的软件库都是最新的。

（1）确保使用的是最新版本的 Python，此处为 Python 3.7。Python 3.x 应该都可以。

（2）打开终端或命令控制台并输入以下命令，确保 pip 安装是最新的。

```
python -m pip install -upgrade pip
```

（3）按照提示将 pip 更新到最新版本。取决于网络连接和 pip 的版本，升级过程可能需要几分钟。

（4）pip 更新完成后，需要安装 pySerial 和 Matplotlib。当安装 pySerial 时，在终端中输入以下命令来使用更新后的 pip。

```
pip install pySerial
```

（5）同样，按照提示操作，直到安装完成。然后在终端中执行如下命令安装 Matplotlib。

```
pip install Matplotlib
```

主机现在处于就绪状态，可以开始编写可视化工具代码。首先需要编写一个 MicroPython 应用程序，它将传感器数据发送到主机，以便通过串行端口进行绘图。

6.5.2　在 MicroPython 中设置串行数据流

正如在项目的硬件架构中看到的那样，我们将使用 MicroPython 设备上的串行端口将已知数据流发送到可视化工具以进行绘图。一旦我们测试并调试了这两组代码，就可以更新 MicroPython 设备来发送真实的传感器数据。现在，我们只需要发送可以用于测试的已知值。

（1）确保从 pyb 导入通用异步接收器/发送器（UART）模块并设置紧急异常缓冲区大小。就像在以前的项目中所做的那样，这可以使用以下代码完成。

```
import micropython          # For emergency exception
buffer
from pyb import UART
# Buffer for interrupt error messages
micropython.alloc_emergency_exception_buf(100)
```

（2）确定选择哪个 UART 与串行到 UART 的转换器进行通信。这可以通过检查硬件架构和电路板原理图来完成。对于 STM32F475 IoT 开发板，D0 和 D1 引脚是 UART 发送和接收引脚，对应于 UART4。要将这些引脚初始化为 UART 功能并将波特率设置为 115200b/s，可以编写以下几行 Python 代码。

```
# Create a uart object, uart4, and setup the serial parameters
uart4 = UART(4, 115200)
uart4.init(115200, bits=8, parity=None, stop=1)
```

（3）创建一些变量，用于跟踪采样时间和发送到可视化工具的数据。在本例中，我们希望跟踪以下变量。

❑ Time。

❑ Temperature。

❑ Humidity。

这些变量可声明为浮点变量，如下所示。

```
# Create variables to store time, temperature and humidity
Time = 0.0
Temperature = -20.0
Humidity = 34.5
```

（4）代码的主循环有几个需要执行的步骤，其中包括：

❑ 更新时间。

❑ 更新温度。

❑ 更新湿度。

❑ 创建要发送的传感器字符串数据。

❑ 发送最新的传感器数据。

测试循环应该以 1Hz 的频率运行，这意味着主程序循环将如下所示。

```
while True:
  # Update Time
  # Update Sensors
  # Create string data
  # Send sensor data
  pyb.delay(1000)
```

（5）更新时间所需的代码是将时间变量加 1。然而，温度和湿度数据会更加复杂，毕竟我们不希望发送任何随意的数据。对于温度数据，我们将在每个循环中从 1℃开始逐步增加，直到达到+20℃，然后返回-20℃。实现此目的的代码如下所示。

```
# Update Temperature
```

```
if TempDir == 1:
  Temperature = Temperature + 1
  if Temperature >= 20:
    TempDir = 0
else:
    Temperature = Temperature - 1
    if Temperature <= -20:
      TempDir = 1
```

（6）对于湿度数据，我们执行了类似的操作，除了变量名称和湿度的边界条件分别为 25 和 35。代码如下所示。

```
#Update Humidity
if HumidDir == 1:
  Humidity = Humidity + 0.5
  if Humidity >= 35:
    HumidDir = 0
else:
  Humidity = Humidity - 0.5
  if Humidity <= 25:
    HumidDir = 1
```

（7）我们可以使用许多不同的格式将传感器数据发送到可视化应用程序。最简单的是用以下格式发送数据。

```
Chart for the chart, time stamp, sensor data
```

（8）此外，还可以将这些数据包装成具有同步字符、操作码、数据包大小和校验和的数据包格式。在大多数情况下，对于用于调试的简单数据可视化工具来说，这可能是多余的。我们可以通过将浮点值转换为字符串，并将它们连接在一起来准备数据并将其作为字符串发送，如下所示。

```
# Create string data
TemperatureDataString = '1,' + str(Time) + ',' + str(Temperature) +'\n'
HumidityDataString = '2,' + str(Time) + ',' + str(Humidity) +'\n'
```

（9）通过下列代码，可以很容易地通过 uart4 串行对象传输字符串。

```
# Send sensor data
print(TemperatureDataString)
uart4.write(TemperatureDataString)
print(HumidityDataString)
uart4.write(HumidityDataString)
```

　　请注意，在传输每个数据包之前，我们会将要发送的内容打印到终端。这样做可以更容易地查看应用程序的操作，并在出现意外情况时提供有用的信息。此时，如果运行 Python 代码并连接到终端，将会看到一系列字符串被打印出来，如图 6.4 所示。

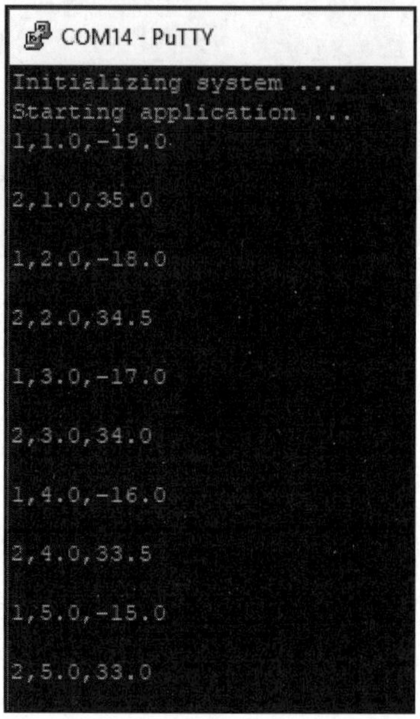

图 6.4

　　此处可以看到 MicroPython 代码的终端输出，它模拟传感器数据并将其传输到可视化应用程序。

　　接下来准备从主机串行端口（COM 端口）收集该传感器数据并进行实时绘制。

6.5.3　利用命令行参数打开 COM 端口

　　在主机上，使用文本编辑器创建一个新的 Python 脚本，建议将脚本命名为 VisualizerTool.py，也可以将其命名为 RTPlotter.py 或任何可以为模块提供良好描述的名称。现在，遵循以下步骤。

　　（1）构建可视化工具的第一步是集成 pySerial 库并提供命令行选项，以便可以选择数据从哪个端口进入。对此，需要使用以下代码将 pySerial 和 args 模块导入脚本。

```
import serial
import argparse
```

（2）如果开发人员没有提供要连接的通信端口，我们希望能够干净地退出脚本。要做到这一点，需要使用以下代码包含 sys 模块。

```
import sys
```

（3）创建一个名为 ser 的串行对象，它将用于与串行端口交互。在对象实例化期间，我们不想设置任何参数或打开端口。我们想要创建对象时，一旦用户传入通信端口，即可初始化并打开端口。创建串口对象的代码如下所示。

```
ser = serial.Serial()
```

（4）从命令行获取通信端口的最简单方法是使用 parser 参数模块。我们可以在名为 main 的函数中创建 parser，然后在脚本执行时调用该函数。这个过程的第一步是创建一个名为 main 的函数，它实例化一个参数解析对象，如下所示。

```
def main()
    parser = argparse.ArgumentParser()
```

（5）接下来，我们要给该对象添加一个新的参数。我们感兴趣的参数是一个端口参数。这将是一个字符串，用来保存要连接的端口。端口将使用文本输入，如 COM5、ttyUSB0 等。我们可以使用 add_argument()方法添加一个新的参数，该方法允许我们创建参数名称并提供一个描述，如下所示。

```
parser.add_argument("--port", help="The communication port to connect
to the target")
```

（6）当脚本运行时，我们可以通过创建一个名为 args 的新变量并使用 parse_args() 方法来解析传入脚本的参数，如下所示。

```
args = parser.parse_args()
```

（7）有时可能想要添加多个传递到脚本中的参数，因此最好测试 args 变量以获取想要使用的参数。例如，可以测试 args.port 并查看是否传入了端口，如果是，则可以设置通信端口，如下所示。

```
if args.port:
    ser.port = args.port
    ser.baudrate = 115200
    ser.parity = serial.PARITY_NONE
    ser.stopbits = serial.STOPBITS_ONE
    ser.bytesize = serial.EIGHTBITS
    try:
        ser.open()
```

```
        print(args.port + " Opened Successfully!")
    except Exception as e: print(e)
else:
    print("A communication port was not provided using --port")
    sys.exit()
```

从设置代码中可以看到，我们对端口进行了测试。如果存在，则配置端口并将波特率的值设置为 115200（以及端口设置）。可以通过命令行传递这些设置，甚至可以在脚本启动时创建一个配置文件来读取。对于当前目的，我们将假设波特率设置，并只传递通信端口以保持简单。记住，最好先建立一个强大而稳定的基础，然后随着时间的推移添加功能。

由于没有验证提供给脚本的端口是否有效，因此将 ser.open()方法包装在 try/except 情况下，该方法将成功打开端口或导致错误，相应地，可将错误打印到终端中。这将帮助我们或潜在用户在尝试执行脚本时找出错误。最后，如果没有向脚本传递 port 参数，我们将提供一条消息，说明需要使用-port 参数才能使用脚本，然后优雅地退出应用程序。

（8）在 main()函数之后，我们还想使用一些脚本来测试 main()函数是否存在于脚本中，如果存在，我们想要确保 main()函数被调用。这可以使用以下代码完成。

```
if __name__ == "__main__":
    main()
```

（9）此时，应该能够运行脚本并打开传递给脚本的端口。如果成功，脚本将静默运行，然后返回到终端。如果想显式地看到端口打开成功，则可以在 ser.open()之后添加一个 print 语句，如下所示。

```
print(args.port + " Opened Succesfully! ")
```

在成功地测试了通信端口接口后，接下来准备集成 Matplotlib 并创建一些散点图。

6.5.4　利用 Matplotlib 创建用户界面

Matplotlib 有几种不同的图表、样式和选项，我们可以用它们来实时绘制数据，但这里要使用的是 pyplot 和动画功能。pyplot 允许创建标准的 xy 数据集图，而动画模块则允许使用进入应用程序的新数据定期更新图。为了使用这些模块，需要将以下导入语句添加到应用程序中。

```
import matplotlib.pyplot as plt
import matplotlib.animation as animation
```

接下来将编写代码，并在图中显示每个数据集、温度和湿度。具体步骤如下。

（1）实例化一幅绘制图。

（2）为图添加一个副标题。

（3）创建包含 *x*、*y* 数据的子图。

（4）标记 *x* 轴。

（5）标记 *y* 轴。

（6）创建图形管理器。

（7）在显示器上设置图形位置。

对于每个步骤，只需要一行 Python 代码就可以完成任务。创建温度图所需的代码如下所示。

```
fig = plt.figure()
fig.suptitle("Temperature", fontsize =16)
ax1 = fig.add_subplot(1,1,1)
ax1.set_xlabel('Time (s)')
ax1.set_ylabel('Temperature (Degrees C)')
Figure1Manager = plt.get_current_fig_manager()
Figure1Manager.window.wm_geometry("+250+250")
```

可以看到，我们使用 plt.figure()实例化了 fig 对象，然后使用 suptitle()方法为其提供了副标题。随后使用 add_subplot()向图中添加子图。传递给这个函数的 3 个参数指定了图形具有的行数和列数，以及显示图形的位置的索引。我们希望在窗口中显示尽可能大的图形，因此选择所有子图的索引。

最有趣的代码可能是窗口管理器几何图形的部分。我们可以直接告诉程序想要在屏幕上渲染图像的位置。在这种情况下，笔者选择将图像向下移动 250px，并向右移动 250px，这样可以将绘制的图形分隔开，以便第二个图形的呈现效果更加美观。

湿度图像是通过下列代码创建的。

```
# Setup Figure 2 for humidity plotting
fig2 = plt.figure()
fig2.suptitle("Humidity", fontsize =16)
ax2 = fig2.add_subplot(1,1,1)
ax2.set_xlabel('Time (s)')
ax2.set_ylabel('Relative Humidity (%)')
Figure2Manager = plt.get_current_fig_manager()
Figure2Manager.window.wm_geometry("+900+250")
```

可以看到，这几乎与创建第一幅图的代码完全相同，除了创建了新的对象来管理第二个图形、更新了轴名称并将窗口管理器的几何位置变为+900+250。此时，如果运行脚本并包括对 plt.show()方法的调用，将会看到如图 6.5 所示的图表，这表示生成温度和湿度图表的代码是有效的。

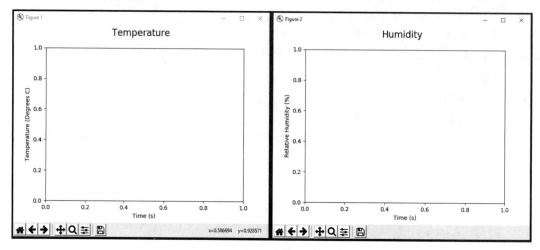

图 6.5

如图 6.5 所示，所绘制的图形具有标题、轴名称和底部的工具栏。该工具栏包括通过缩放移动数据集、配置子图、保存数据等功能。

现在我们已经有了可视化工具的图形工具，接下来研究如何通过创建一个动画来闭合循环，该动画定期处理传入的串行数据，并将其绘制到图形上。

6.5.5　绘制输入数据流

现在我们拥有了需要实时显示传感器数据的组件：一个可以绘制数据的图形和一个用于检索数据的串行数据流，唯一缺失的是将这两个组件连接起来的代码。我们将使用 Matplotlib 的动画功能来实现此目的。

动画功能本质上允许我们为每个要更新的图形创建一个在主机上运行的单独线程。我们选择将被更新的图像、将被调用的函数，以及想要更新绘图的时间间隔。在笔者的主机上，如果想调整大小或与显示器互动，更新速度超过每秒几次就会造成相当大的滞后。出于这个原因，建议以 1 或 2Hz 的速度更新。为了使这个值可以配置，可在脚本中创建一个变量，如下所示。

```
INTERVAL_UPDATE_MS = 500
```

为了更新图形并显示它们，需要在 main()函数中，在成功打开串口的代码之后添加以下几行代码。

```
ani = animation.FuncAnimation(fig, animate, interval=INTERVAL_UPDATE_MS)
ani2 = animation.FuncAnimation(fig2,animate,interval=INTERVAL_UPDATE_MS)
plt.show()
```

不难发现，这段代码创建了两个动画，它们将在我们选择的更新间隔内管理两个图形。该函数期望一个名为 animate 的函数。animate 函数将把传入的串行数据联系起来，并允许我们更新图表。我们希望 animate 函数能够完成以下几件事情。

- ❑　检测是否有新的数据存在。
- ❑　解析传入的串行数据。
- ❑　将数据存储在适当的数据缓冲区中。
- ❑　更新绘图。

在创建 animate 函数之前，我们想要创建两组列表，用于保存两个图形的 x 和 y 数据。在 Python 中可以通过几种不同的方法做到这一点，此处将使用列表，如下面的代码所示。

```
# Stores the x,y data for the temperature figure (1)
Fig1DataX = []
Fig1DataY = []
# Stores the x,y data for the humidity figure (2)
Fig2DataX = []
Fig2DataY = []
```

之所以以这种方式使用列表，是因为一旦接收串行流，就很容易向列表添加新数据。现在我们有了存储数据的列表，让我们接收数据流并绘制它。

首先创建 animate 函数的框架。我们可以通过创建函数，然后使用注释编写伪代码来实现这一点。例如，在此时此刻，动画函数应该如下所示。

```
def animate(i):
# Check to see if there is data waiting to be processed.
# If data is present, process it, otherwise, refresh the figures
    # While there is data present, read in the data one character at a time
    # If a newline character is reached, parse the string and store the data
# Refresh the plots
```

我们可以从最外层开始，一次一层地实现 animate 函数。

（1）创建一个变量来存储接收的字符。可以通过在 animate 函数的顶部创建一个 InputString 变量来实现这一点，如下所示。

```
InputString = ""
```

（2）检查是否有任何字符存在，如果有，目前只是打印出一条信息，说明收到了一个字符，然后将更新绘图。代码如下所示。

```
if(ser.inWaiting() > 0):
    print("Received a character!")

ax1.clear()
ax1.plot(Fig1DataX, Fig1DataY)
ax1.set_xlabel('Time (s)')
ax1.set_ylabel('Temperature (Degrees C)')
ax2.clear()
ax2.plot(Fig2DataX, Fig2DataY)
ax2.set_xlabel('Time (s)')
ax2.set_ylabel('Relative Humidity (%)')
```

请注意，在这段代码中，我们使用以下过程更新每个图形。

❑　清除当前内容。

❑　绘制 x、y 数据。

❑　再次设置轴标记。

当我们从绘图中清除现有数据时，也会重置我们的轴标记，因此需要重新绘制轴标记。日前，我们也在使用 clear 命令，因为我们正在刷新绘图上的所有点。对于第一个实现，这是在不丢失任何数据的情况下建立和运行图表的最简单方法。将来，我们可能决定只添加新的传入数据，并为所有传入数据保留一个单独的变量。我们没有限制列表的大小，所以在某些时候，添加代码来限制列表的大小，并在收到最大数量的样本后清除它们是有意义的。

现在可以移动到动画函数的下一层，即开始读取数据。此处可以用 while 循环替换 print 语句，该循环将一直执行，直到串行接收缓冲区中没有字符为止。当存在数据时，我们将简单地将一个字符读入名为 SerData 的变量中。其代码如下所示。

```
while(ser.inWaiting() > 0):
    SerData = ser.read(1)
```

此时，我们想要编写一些逻辑来查看接收的字符，如果是换行字符，则处理 InputString 变量，如果不是换行字符，则简单地将新字符连接到现有的 InputString。对此，我们希望通过使用指定 utf-8 的 decode() 方法来确保使用正确的字符编码。对应代码如下所示。

```
if "\n" in SerData.decode("utf-8"):
    # Parse the InputString
else:
    InputString = InputString + SerData.decode("utf-8")
```

这将我们带到了代码最后一层的解析的核心。如前所述，来自 MicroPython 设备的数

据包采用以下格式:

PlotNumber, X-Data, Y-Data

这里使用以逗号分隔的格式,以便在遇到逗号时可以使用 split()函数拆分字符串。然后,可以检查新数据列表中的第一个元素,看看它是温度图的 1 还是湿度图的 2。确定后,可将字符串数据转换为浮点数,并将其存储在适当的数据列表中。然后,InputString 被重置。解析字符串的最后一层代码存于下面的代码中。

```
SplitStrData = InputString.split(',')
print(SplitStrData)
if(int(SplitStrData[0]) == 1):
  Fig1DataX.append(float(SplitStrData[1]))
  Fig1DataY.append(float(SplitStrData[2]))
elif(int(SplitStrData[0]) == 2):
  Fig2DataX.append(float(SplitStrData[1]))
  Fig2DataY.append(float(SplitStrData[2]))
InputString = ""
SplitStrData = None
```

接下来将测试并运行可视化工具。

6.6　测试并运行可视化工具

下面准备测试可视化工具,具体步骤如下所示。

(1)启动 MicroPython 应用程序。

(2)标识主机接收数据的 COM 端口。

(3)启动主机上的可视化工具。

首先设置并运行 MicroPython 脚本。当连接至 MicroPython 终端时,应可看到终端显示如图 6.6 所示的信息。可以看到,传感器数据包通过 UART 传输成功。

接下来可以确定 USB 转串口适配器使用的是哪个通信端口。取决于使用的操作系统及 COM 端口的寻找方式,串行端口的格式将有所不同。笔者使用的是微软的 Windows 机器,USB 转串口适配器是 COM5。

图 6.6

　　最后一步是执行可视化工具脚本，这可以通过使用-port 选项运行脚本来完成，如下所示。

```
python RTPlotter.py -port COM5
```

　　如果一切按计划进行，现在应该在监视器上看到两幅图像，这些图像应该用新的传感器值更新。如果让系统运行几分钟，应该会看到数据中出现一个模式，如图 6.7 所示。这表明使用脚本生成的传感器数据执行可视化工具是成功的。

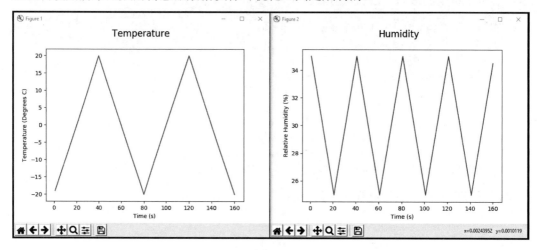

图 6.7

　　此时，我们得到了一个处于工作状态的可视化工具，并能够验证从 MicroPython 开发板成功接收传感器数据。这里，建议读者不断尝试在该界面进行操作，以了解如何放大、缩小和保存数据。

　　在持有一个功能性可视化工具后，可以实施很多增强工作以改进新工具的性能和可用性。虽然这些内容超出了本书的讨论范围，但对此进行讨论仍不失为一个好主意。下面将考查当前项目的新特性和代码增强问题。

　　可视化工具虽然实现了某些功能，但相关代码并不具备可伸缩性。回忆一下，我们对运行可视化工具时出现的两个不同的图表进行了硬编码。虽然这对测试很有用，但最好创建一个包含以下信息的配置文件。

　　❑　图标名称。

　　❑　x 轴标记。

　　❑　y 轴标记。

　　❑　刷新率。

❑　图表的屏幕位置。

配置文件可以列出所有图表的每一条信息，这些信息将在执行可视化工具时包含在可视化工具中。可视化工具将启动、读取文件，然后使用一个简单的循环来实例化所有图表。据此，可视化工具将变得更具可伸缩性，并且只需要为任何项目修改配置文件。通过添加配置文件，还可以修改终端接口参数，以便开发人员传递他们希望在执行周期中使用的配置文件的名称。

另一个可以对可视化工具实施的增强方法是提高 MicroPython 开发板和主机之间通信的健壮性。现在，数据流很简单，且不包含任何校验和来验证数据。我们在编写代码时假设不会出现问题，但是如果噪声被注入串行线中，则无法检测到数据已经损坏。这可以通过向数据添加一个简单而快速的校验和算法（如 Fletcher 16）来解决。

在可视化工具中实现的另一个有用的想法是能够将接收到的数据保存到文件中。有时，我们可能需要保存传入的数据，然后在电子表格中打开，以应用过滤器或进一步分析数据。虽然图表可保存为 PNG 图像，但拥有接收到的原始数据也将非常有用，并且添加此功能并不需要太多时间。同样，开发人员可以添加一个终端参数，当使用该参数时，可将传入的数据保存到文件中以供以后处理。

我们创建的可视化工具被设计用来绘制来自设备的数据，但它也可以被修改以允许双向通信。串行接口可以被更新以允许串行信息被发送到 MicroPython 设备上，然后可以打开一个 LED、运行一个电机，或执行任何数量的潜在活动，进而可以将前面所看到的测试框架的例子整合到可视化软件中，这样即可得到一个全面的软件，可以显示 MicroPython 设备上正在发生的事情，也可以指导设备如何表现和运作。

6.7　本章小结

在本章中，我们讨论了如何使用 UART 和 MicroPython 开发板来传输数据流，这些数据流为开发人员提供了对系统行为的洞察结果。其间，我们创建了一个表示温度和湿度数据的已知数据流，以验证基于主机的可视化应用程序能够解析数据流，然后实时绘制数据。基于这个闭合的通信循环，我们能够绘制重要的信息，例如传感器值，也可以从 MicroPython 应用程序传输跟踪数据，然后绘制这些数据，以便更好地了解应用程序的行为，并使用这些信息对应用程序进行故障排除。

在第 7 章中，我们将学习如何集成运动和手势检测传感器，并使用 MicroPython 与传感器交互来控制机器人。

6.8　本 章 练 习

1．哪些文件用于修改 MicroPython 板在启动时支持的 USB 类？
2．我们在开发中使用生成数据而不是实时传感器的原因是什么？
3．图表刷新率是多少时，用户界面开始变得迟钝？
4．使用 MicroPython UART 进行通信而不是使用 USB 的原因是什么？
5．哪个 Python 函数用于将浮点数转换为字符串？
6．什么模块用于创建命令行参数？
7．可以向可视化工具添加哪些新特性来增强其功能？

6.9　进一步阅读

1．pySerial 文档：https://pythonhosted.org/pyserial/。
2．Matplotlib 文档：https://matplotlib.org/。

第 7 章　使用手势控制设备

旋钮、按钮、杠杆和触摸屏已经成为用户与嵌入式设备交互的主要工具，并在控制领域占据主导地位。这些触觉界面并不是与设备交互的唯一途径。近些年来，新的传感器和技术创造了依赖手部动作和手势的无触觉界面。这些基于手势的控制是更加直观和自然地与设备交互的方式。

本章将介绍如何将手势控制器集成至嵌入式设备中，并通过手势控制设备。

本章主要涉及下列主题。

❑　手势控制器简介。

❑　手势控制器的需求。

❑　硬件和软件设计。

❑　构建手势控制器。

❑　测试手势控制器。

7.1　技 术 需 求

读者可访问 https://github.com/PacktPublishing/MicroPython-Projects/tree/master/Chapter07 查看本章示例代码。

为了运行示例，需要使用下列硬件和软件。

❑　支持 MicroPython 的开发板。

❑　Adafruit ADPS-9960 分线板。

❑　原型设计面包板。

❑　4 个带有适当大小的电阻的 LED 灯。

❑　终端应用程序（如 PuTTY、RealTerm、Terminal 等）。

❑　文本编辑器（如 Sublime Text）。

7.2　手势控制器简介

手势控制器使开发人员能够为他们的嵌入式产品创建独特的界面，使用户能够以手势的方式与设备进行交互。

手势技术在其功能和驱动技术方面可以有很大的不同。例如，一个低端系统可以利用红外发光二极管（IR LED）和光电二极管，成本不到 10 美元；而一个高端系统，如 Leap 或已停产的微软 Kinect，可能要花费几百美元。高端解决方案通常使用包括红外摄像机在内的多个摄像头来捕捉动作，然后将其分解为手势。

对于大多数读者来说，集成 Leap 或其他通常基于 USB 的手势控制器的价格超出了可承受范围，并且需要相当多的开发时间。这些高端解决方案为 Windows、macOS 和 Linux 提供了软件开发工具包（SDK），这意味着需要做大量的工作来移植 SDK，以便与 MicroPython 一起使用。在本章项目中，我们将使用一个简单的、低成本的集成手势控制器，它基于红外 LED 和光电二极管。所有电子设备都集成到一个封装中，并由 Avago 提供 APDS-9960 分线板。

APDS-9960 是一种数字接近（proximity）、环境光和 RGB 手势传感器。出于当前目的，我们对数字接近和手势传感器感兴趣，当有人在传感器上挥手时，希望传感器可以检测到以下手势。

- ❑　向前。
- ❑　向后。
- ❑　向左。
- ❑　向右。

这些是想要控制机器人或其他设备，甚至是咖啡机或炉子的典型手势。此外，还可以添加额外的手势，如上、下或更复杂和定制内容。APDS-9960 是一个手势控制器，不提供手势应答。相反，它为其光电二极管提供了一系列计数，开发人员需要分析和解释这些计数，以确定呈现给传感器的手势是什么。一旦进入硬件设计，我们将探索手势控制器如何工作。但首先，我们应该讨论手势控制器的需求条件是什么。

7.3　手势控制器的需求

本章项目的主要目的是建立一个具有成本效益的手势控制器，并把它集成到一个嵌入式设备中，用来控制设备。这里，设备应该能够控制继电器，通过 Wi-Fi 或蓝牙发送信息，或执行许多其他的操作。在这个项目中，我们想设置一些构件块，使检测到的手势将 LED 打开 5s，然后关闭。点亮的 LED 将对应于检测到的手势，这也将被打印到终端。现在让我们来看看相应的的硬件和软件需求。

7.3.1　硬件需求

手势控制器的硬件要求比之前的项目要严格得多。过去，我们总是保持系统需求相对宽松，在这个项目中，我们将指定在项目中使用的确切硬件组件。通常，我们希望保持需求相对宽松，以允许工程师选择他们认为最适合应用程序的部件。然而，在现实世界中，情况则并非如此。有时，成本需求迫使开发人员使用特定的部件，例如客户偏好，甚至是与公司的关系，使得使用特定部件成为必要的需求。

手势控制器的硬件要求如下所示。

- ❑　手势控制器基于 Avago APDS-9960 分线板。
- ❑　该系统配备了 4 个 LED，每个 LED 代表系统将检测到的 4 种定义手势中的一种，即向前、向后、向左或向右。

从硬件的角度来看，我们并没有太多的需求，但这些需求特定于将要使用的硬件。这样做的原因是，对于当前示例，希望读者与笔者使用相同的硬件，以防结果存在差异。

7.3.2　软件需求

手势控制器软件的一般行为可以用几个简单的要求来概括。在这些需求中，我们只是指定了系统级的软件需求。在设计控制器时，我们将看到可以实现许多最佳实践方案，这些实践方案可以被视为软件需求。在这一点上，值得关注的软件需求包括：

- ❑　手势控制器应该能够检测向前、向后、向左和向右手势。
- ❑　当检测到手势时，将在终端打印该手势。如果无法确定手势类型，则在终端打印 unknown。
- ❑　当检测到一个手势时，一个与检测到的手势相对应的 LED 将点亮 5s，表示检测到一个手势。

如果正在设计一个电池供电的设备，可能还需要优化手势控制器的功率配置，毕竟该设备的能耗将取决于驱动 LED 的强度。一旦控制器工作，我们将把这些类型的练习留与读者完成。

7.4　硬件和软件设计

项目需求指出了硬件和软件的非常具体的方向，但如何准确地实现架构还有相当多的回旋余地。在本节中，我们将开发用于构建手势控制器的硬件和软件架构。

7.4.1　硬件架构

在硬件架构中，只需关注 3 个主要组件，即 MicroPython 开发板、APDS-9960 和 LED。

就像以前的项目一样，可以通过 USB 接口给 MicroPython 板供电，至少在开发过程中是这样。正如在上一个实验中看到的那样，如果使用 STM32 IoT Discovery 节点与 Arduino 原型板，则配备+5V 和+3V 的输出头。Adafruit 和 SparkFun 的 APDS-9960 开发板可以接受 3V 电压，所以它们可以直接由 MicroPython 板供电。在大多数情况下，给 LED 提供+3V 电压，然后使用通用输入/输出（GPIO）引脚，并通过脉冲宽度调制（PWM）或只是一个开关来控制状态或亮度也是有意义的。

我们需要关注两个通信接口。首先是 MicroPython 开发板与 APDS-9960 之间的通信接口。APDS-9660 使用内部集成电路（I2C），所以这将是使用的接口。另一个接口是 USB 控制台接口，即 REPL（Read-Eval-Print Loop 的缩写），我们将使用它来显示检测到的手势。

图 7.1 总结了手势控制器的硬件架构。

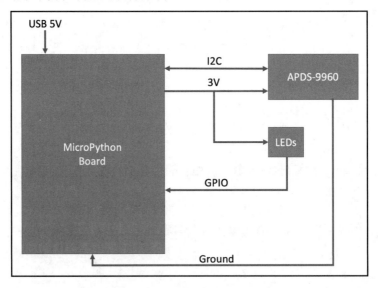

图 7.1

7.4.2　详细的硬件设计

硬件架构中有几个领域可在详细的硬件设计中进一步定义，其中包括：

❑　选择 APDS-9960 开发板。

❑　分配 I/O 引脚连接 APDS-9960 和 LED。

有几种不同的开发板可用于 APDS-9960。在大多数情况下，它们都具备可比性。它们提供片上稳压器，使开发板可以接受+5V，通常还包括+3V 输出引脚，以便其他设备也可以关闭该稳压器。笔者最喜欢的两种开发板是 Adafruit 和 SparkFun 的开发板，它们都可以用于这个项目，最终选择了 Adafruit 的电路板，因为它的价格大约是另一种的一半。此外，开发板还公开了一个中断引脚，当有可用的手势数据要处理时可通知开发人员。软件开发人员可以轮询芯片或等待中断引脚来查询数据，但为了简单起见，此处将只轮询芯片。

这个项目的 I/O 引脚的分配可以很随意，除了中断引脚。中断引脚需要连接到 D2，这是在 Arduino 屏蔽连接器上公开的中断引脚。除此以外，引脚可以按顺序分配给 LED，如图 7.2 所示。

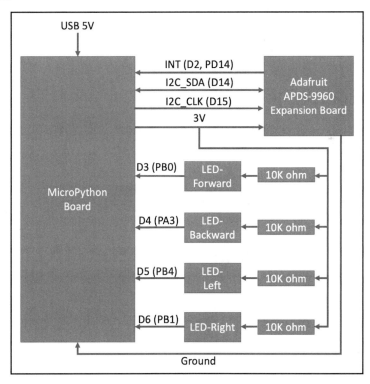

图 7.2

接下来考查应用程序的软件架构。

7.4.3　软件架构

手势控制器的应用程序代码很简单。应用程序需要首先实例化一个手势对象,并告诉它 APDS-9960 位于哪个 I2C 总线上。一旦创建了手势控制器对象,只需调用对象的 gesture status 方法来确定手势是否存在。如果存在,那么将获得检测到的手势,然后根据检测到的手势更新 LED。当接收一个新的手势时,希望这个手势在消失之前在 LED 上停留几秒。

在接收一个新的有效手势之后,将向应用程序发出信号,表示想要锁住 LED。这里不打算讨论用于控制闩锁的实际机制,因为我们希望开发人员在构建应用程序时自行决定最有效的方法。手势控制器应用程序的流程图如图 7.3 所示。

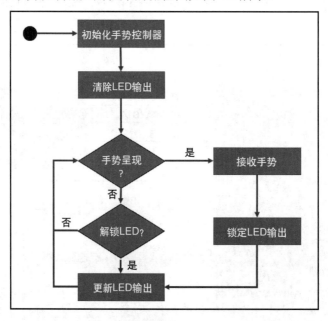

图 7.3

现在,我们已经大致了解了应用程序的执行方式,接下来考查为 APDS-9960 实现的类。APDS-9960 具有相当多的相关功能,例如:

❑　环境光和 RGB 颜色感应。

❑　接近感测。

❑　手势检测。

虽然我们可以创建一个实现这些特性的类,并允许用户指定他们将使用哪些功能,但我们希望保持类的简单性。因此,将创建一个只专注于使手势部分发挥作用的类。

为了让手势类运行,需要确保已经实现了两个主要的方法。首先,需要类的构造函数来初始化 APDS-9960。初始化应该包括配置应用程序所需的所有 APDS-9960 寄存器。对此,可以通过创建一个单独的配置模块来实现这一点,该模块包含类的所有注册设置。此外,也可以将其硬编码到应用程序中。这将使系统的可伸缩性降低,但它将使系统首先初始化到一个已知的工作状态。

接下来需要一种方法,使我们能够从已经做出的任何手势中获得结果。这个函数可以简单地称为 GestureGet。GestureGet 方法不仅会返回检测到的手势,还会从芯片中提取数据,对其进行处理,然后确定接收到什么数据。基本上,它会在一个方法中完成与手势控制器交互所需的一切。该方法将允许手势控制器用户从 APDS-9960 轻松地访问高级手势功能。图 7.4 为 APDS-9960 手势功能的示例类图。

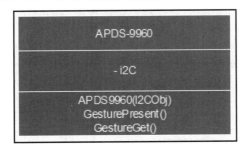

图 7.4

至此,我们已经描述了应用程序代码和 APDS-9960 类之间的高级体系结构交互。如前所述,这看起来既漂亮又简单。然而,真正的问题在于细节,我们将在下一节中探讨。

7.5 构建手势控制器

我们将在几个不同的块中构建手势控制器。首先将探索 APDS-9960 工作原理背后的理论。理解了它是如何工作的之后,将开发 APDS-9960 驱动程序,如软件体系结构部分中的类图所示。最后将编写使用该类的高级应用程序。完成这些,我们就准备好测试控制器了。

7.5.1 APDS-9960 操作理论

APDS-9960 包含 4 个定向光电二极管,用于检测由集成红外 LED 产生的反射红外光。

反射光可以用来感知运动，如距离、方向，甚至速度。APDS-9960 分为几种不同的状态，提供诸如接近检测、手势引擎和颜色检测等功能。与手势控制器最相关的特征是接近度和手势状态，这可以用来首先感知手，然后提供相关数据来确定给系统的手势运动。

　　APDS-9960 最重要的状态是手势引擎。手势引擎非常灵活，可以手动或自动触发。自动触发是通过初始化接近引擎并设置触发级别来执行的，一旦超过触发级别，就会启动手势引擎。开发者可以利用以下功能微调手势控制器。

- ❑　环境光减法。
- ❑　消除串扰。
- ❑　放大增益和 LED 输出。
- ❑　能源管理。
- ❑　手势转换延迟。

　　每个应用程序和环境可能需要对这些设置进行微小的修改，以便对 APDS-9960 进行微调以感知手势。图 7.5 显示了 APDS-9960 的整体硬件功能。

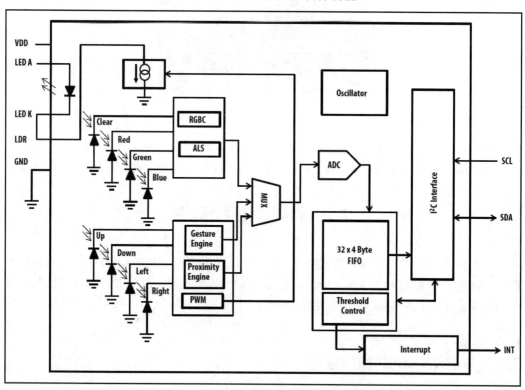

图 7.5

与 APDS-9960 连接只需要 3 条信号线。两个信号由 I2C 用于双向通信，以设置 APDS-9960 的寄存器，然后读取结果寄存器。第 3 个信号是可选的，它是一个中断信号，通知所连接的微控制器存在手势数据可供分析。数据存储为 4 个 8 位信号，对应于光电二极管反射和检测到的红外能量。数据存储在一个先进先出（FIFO）队列中，最多可以存储 32 个读数。

光电二极管的排列使读数对应于上、下、左和右。虽然看上去这些与手势相对应，但它们实际上只是 APDS-9960 中光电二极管的排列。为了从设备中得到一个手势结果，需要获取大量的读数，然后根据 4 个光电二极管随时间的读数进行分析。

当 APDS-9960 第一次上电时，进入低功耗睡眠模式。这就需要开发者配置寄存器，然后给设备上电。I2C 可以唤醒设备，但设备将回到睡眠状态，除非 Power ON（PON）位被设置为 1。

此时，设备进入空闲状态，但仍不运行任何模拟引擎，直到其相应的启用位被设置为 1。一旦 APDS-9960 被初始化，它将根据其配置的方式遍历一个状态机。APDS-9960 的状态图如图 7.6 所示。在每个周期中，APDS-9960 将有可能运行每个引擎，只要该引擎被启用。

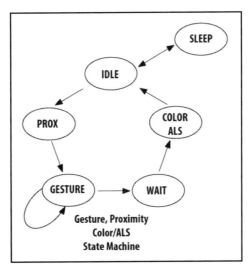

图 7.6

APDS-9960 的数据表包含几个有用的图表，这些图表提供了使设备在不同模式下启动和运行所需的寄存器设置。一般来说，开发人员需要查看 Avago 数据表中的流程图，如图 7.7 所示。流程图展示了需要配置的代码流和设置，以便允许每个引擎执行。

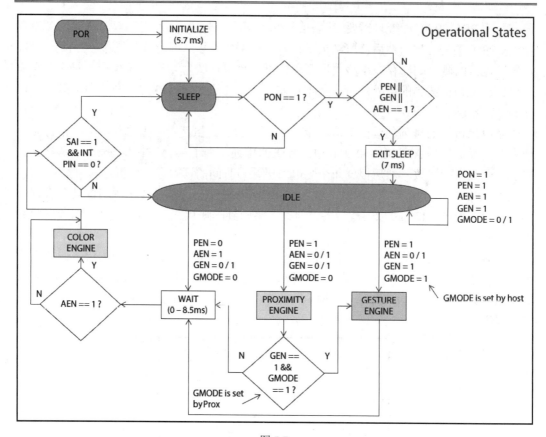

图 7.7

　　Avago APDS-9960 操作流程图显示了如何初始化设备以及使其过渡到各种操作引擎所需的设置。

7.5.2　分析手势数据

　　APDS-9960 仅提供手势的原始数据，开发人员要创建一种算法来确定实际创建的手势运动。虽然我们喜欢预先创建软件架构，并在编写任何代码之前设计所有内容的工作方式，但有时有必要先做一些实验。这些实验旨在帮助我们理解正在使用的组件，并设计出一种算法来确定做出的手势，而不应该被认为是生成的产品代码。开发人员只是在提高他们对组件的理解，而最终的测试代码应该被重构、清理，甚至在开发人员理解组件后被完全重写。

　　对于手势控制器，我们感兴趣的是检测 4 种不同的手势，即向前、向后、向左和向右。为了设计一种能够准确检测这些手势的算法，需要在 APDS-9960 上获取一些数据，这些数据显示了组件的行为方式。为了做到这一点，可以为不同的手势获取一些样本。图 7.8 显示了每个光电二极管看到的不同手势。具体来说，图 7.8 显示了 APDS-9960 二极管从右向左手势滑动的输出结果。

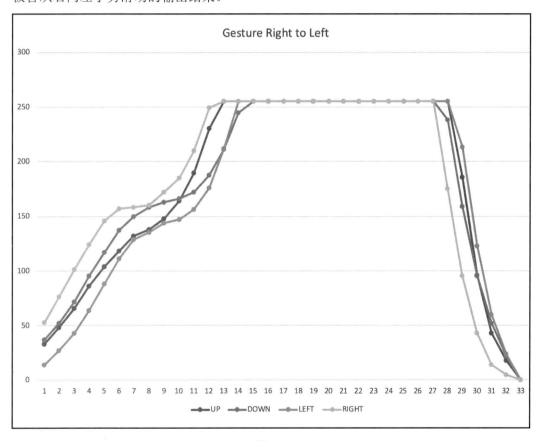

图 7.8

ⓘ 注意：

　　这里的数据在最大值处被截断，但这不会影响我们的算法。

APDS-9960 二极管从左向右手势滑动的输出结果如图 7.9 所示。

图 7.10 显示了 APDS-9960 二极管从前向后手势滑动的输出结果。

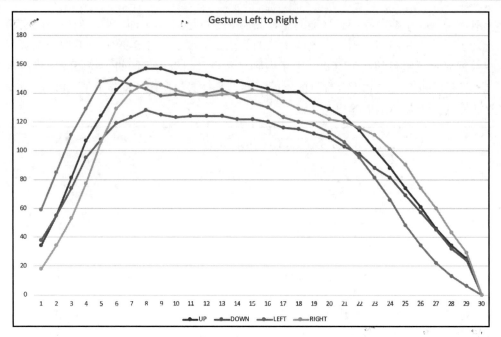

图 7.9

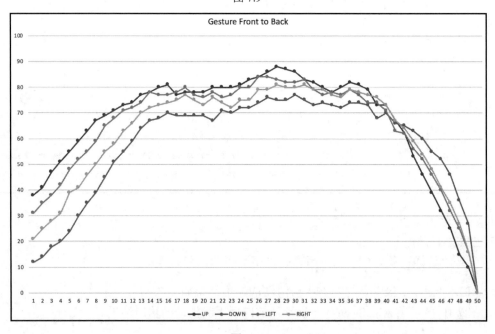

图 7.10

APDS-9960 二极管从后向前手势滑动的输出结果如图 7.11 所示。

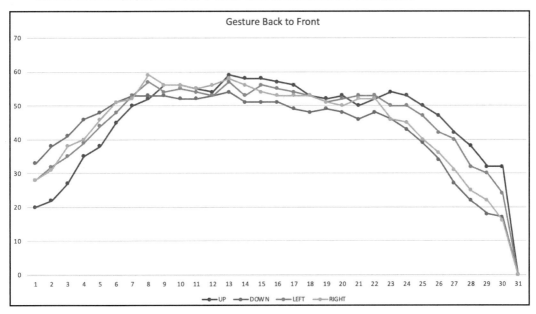

图 7.11

当查看不同的图表时，会看到以下几个要点。

❑　　与手势方向相反的二极管将从计数的最大值开始。

❑　　与手势相关联的二极管将以最高计数结束。

❑　　与符合手势的二极管相比，不符合手势的二极管将具有小的计数差分。

开发人员可以选择希望手势控制器如何工作。例如，可以设计一些手势，要求手放在控制器上一段时间，然后通过一个方向性的滑动来结束这个手势。可以将手势的时间帧限制在几百毫秒内，这将强制执行一个完整的一侧到另一侧的手势。如何初始化和最终完成一个手势取决于开发人员。对于控制器，假设当检测到一只手时，它已经在做一个手势动作。这将使我们可以使用一个计时器来限制能够检测到手势的窗口。

7.5.3　APDS-9960 手势驱动程序

我们将为这个项目编写的手势驱动程序与其说是一个驱动程序，不如说是一个专用的应用程序模块。驱动程序应该是如何与 APDS-9960 交互的通用实现。此处将编写一个类来完成以下工作。

❑　　仅与接近和手势引擎交互。

❑　　执行专用的初始化代码。

❑　　包含用于返回所感知的手势的所有应用程序代码。

因此，手势应用程序被集成到驱动程序功能中。如果真的想要创建一个 APDS-9960 驱动程序，则需要创建一个类来与 APDS-9960 中的所有模拟引擎进行交互，然后创建另一个类，并使用来自 APDS-9960 的数据生成感兴趣的手势。在生产项目中，这可视为我们的开发方向，但对于 DIY 项目，集成的应用程序模块将工作得很好。

在深入讨论驱动模块之前，应该花几分钟讨论驱动程序应该如何行动，并查看几个重要的行为特征。

❑　　首先，我们不希望手势引擎运行，除非一只手在传感器的一定距离内。为了做到这一点，可以启用接近引擎并设置接近阈值，一旦达到，将翻转内部 GMODE 位并导致 APDS-9960 改变手势引擎的状态。这样做可以防止意外地转换到手势引擎并接收到与手势无关的信息。

❑　　当启动应用程序时，有可能在 FIFO 中已经存在手势数据准备处理。这里不希望这个数据干扰任何新的手势，所以当启动应用时，应确保在开始寻找新的手势之前清空这个缓冲区。

❑　　最后希望确保主方法返回检测到的手势。这将有助于简化应用程序代码。

在编写 APDS_9960 类之前，应该在 APDS_9960 模块中创建几个常量。首先，APDS-9960 总是有一个 I2C 地址 0x39。接下来需要正确设置几个不同的寄存器和位，以便接近和手势引擎正确工作。深入了解这些设置工作的细节超出了本章的范围，对应的设置如下所示。

```
# Register Definitions
REGISTER_ENABLE = 0x80
REGISTER_CONTROL = 0x8F
REGISTER_PDATA = 0x9C
REGISTER_GPENTH = 0xA0
REGISTER_EXTH = 0xA1
REGISTER_GCONFIG1 = 0xA2
REGISTER_GCONFIG2 = 0xA3
REGISTER_GCONFIG4 = 0xAB
REGISTER_GFLVL = 0xAE
REGISTER_GSTATUS = 0xAF
REGISTER_GFIFO_U = 0xFC
REGISTER_GFIFO_D = 0xFD
REGISTER_GFIFO_L = 0xFE
REGISTER_GFIFO_R = 0xFF
# Register Bit Definitions
```

```
REGISTER_ENABLE_BIT_PON = 0x01
REGISTER_ENABLE_BIT_PEN = 0x04
REGISTER_ENABLE_BIT_GEN = 0x40
REGISETER_BIT_PIEN = 0x20
REGISTER_BIT_LDRIVE = 0xC0
REGISTER_GCONFIG4_BIT_GMODE = 0x1
REGISTER_GSTATUS_BIT_GVALID = 0x1
REGISTER_GCONTROL_BITS_GFIFOTH = 0x0C
```

此时建议参照之前的寄存器设置查看 APDS-9960 数据表，以便了解这些设置如何影响芯片的行为方式。

7.5.4　APDS-9960 手势类构造函数

实现手势类的第一步是创建构造函数。

（1）定义类及其所需方法，如下所示。

```
class APDS_9960():
    GESTURE_FORWARD = 0x0
    GESTURE_BACKWARD = 0x1
    GESTURE_LEFT = 0x2
    GESTURE_RIGHT = 0x3
    def __init__(self,I2CObject, Verbose):
        print("Object Initialized!")
    def Detect(self):
        print("Detecting Gesture …")
```

其中定义了几个变量，这些变量将用于定义检测到的手势，以及创建结构和用于检测手势的主要方法。

（2）我们希望使用传递给构造函数的 I2C 对象来确定 APDS-9960 是否存在，对应代码如下所示。

```
self.i2c = I2CObject
self.DeviceList = self.i2c.scan()
for Device in range(len(self.DeviceList)):
    if self.DeviceList[Device] == APDS_9960_ADDRESS:
        self.APDS_9960_PRESENT = True
    else:
        print("APDS9960 not present!")
        return False
```

如果未检测到模块，则返回 False，并由更高级的应用程序决定如何处理错误。

（3）定义操作模式并设置红外增益、接近度和手势阈值。对于台式（benchtop）测试，可将增益设置为最大值。我们希望手势在前导光电检测器的阈值达到 40 计数时开始记录数据，然后在后导光电检测器的阈值低于 30 计数时退出。对应代码如下所示。

```
# Enable the PON, PEN, GEN
self.mode = REGISTER_ENABLE_BIT_PEN + REGISTER_ENABLE_BIT_GEN
# Set the analog engine mode
self.i2c.mem_write(self.mode, APDS_9960_ADDRESS,
REGISTER_ENABLE,timeout=1000)
# Set the IR gain to maximum
self.i2c.mem_write(0x0C, APDS_9960_ADDRESS,
REGISTER_CONTROL,timeout=1000)
# Set the proximity threshold that will enable GMODE
self.i2c.mem_write(PROXIMITY_THRESHOLD_COUNT, APDS_9960_ADDRESS,
    REGISTER_GPENTH, timeout=1000)
# Set the gesture exit threshold
self.i2c.mem_write(GESTURE_EXIT_THRESHOLD_COUNT, APDS_9960_ADDRESS,
    REGISTER_EXTH, timeout=1000)
```

（4）配置模式后，还希望将光电探测器的增益设置为 4，并设置最大引擎等待时间。由于这个寄存器中还有其他设置，因此首先要读取当前值，然后在写入寄存器之前修改它。对应代码如下所示。

```
# Read the GCONFIG2 register and set the gain to 4. Also set
maximum wait time
self.registerData = self.i2c.mem_read(1, APDS_9960_ADDRESS,
REGISTER_GCONFIG2)
self.registerData = ord(self.registerData) | 0x40 | 0x0
self.i2c.mem_write(self.registerData, APDS_9960_ADDRESS,
REGISTER_GCONFIG2, timeout=1000)
```

（5）当启动系统时，APDS-9960 的 FIFO 中不应该有任何数据，但此处不能假设我们是从一个干净的电源周期运行的，有可能是应用程序崩溃了，或者是一些设置被临时改变了。在 FIFO 中可能存在一些数据，它们不会与任何新的手势相关联，或者可能被意外地解释为一个新的手势。我们想在完成初始化之前将这些数据清除。为此，可以读取 GestureCount 寄存器，然后循环读取 FIFO 数据，直到寄存器中不再有数据为止。对应代码如下所示。

```
self.GestureCount = ord(self.i2c.mem_read(1,APDS_9960_ADDRESS,
    REGISTER_GFLVL))
while self.GestureCount > 0:
```

```
self.gestureData = self.i2c.mem_read(4, APDS_9960_ADDRESS,
    REGISTER_GFIFO_U)
self.GestureCount = ord(self.i2c.mem_read(1,APDS_9960_ADDRESS,
    REGISTER_GFLVL))
if self.__Verbose == True:
    print("GestureRemaining= ", self.GestureCount)
```

注意，如果启用了 Verbose 模式，我们将在应用程序开始时看到一个输出，显示缓冲区中剩余的所有数据已被清除。

（6）启用 APDS-9960 并创建最后的几个变量，这些变量将被 Detect()方法用于检测手势。对应代码如下所示。

```
# Enable the PON, PEN, GEN
self.mode = REGISTER_ENABLE_BIT_PON + REGISTER_ENABLE_BIT_PEN +
REGISTER_ENABLE_BIT_GEN
# Set the analog engine mode
self.i2c.mem_write(self.mode, APDS_9960_ADDRESS,
REGISTER_ENABLE,timeout=1000)
self.GestureData = []
self.GestureDataCount = 0
self.TimeSinceLastGestureData = utime.ticks_ms()
self.TimeNow = utime.ticks_ms()
self.GestureInProgress = False


def Verbose(self, State):
    self.__Verbose = False
```

接下来考查如何检测数据中是否存在手势。

7.5.5　APDS-9960 手势类检测方法

回顾一下 APDS-9960 二极管从右到左手势滑动的输出结果（参考"分析手势数据"部分），我们希望了解如何检测到手势。当查看前缘（leading edge）时，手势的光电二极管的相反方向有一段时间存在更高的信号，但随着手势的进行，信号翻转。最后，手势的方向包含较高的信号。对此，存在几种不同的整合方法来检测前缘、后缘等。

对于控制器，我们将收集全部手势数据，并丢弃接收到的最后一个数据点，并处理之前的 4 个数据点。如果一个手势生成了 120 个数据点，那么将考查最后 5 个点中的 4 个。另外，如何判断已经到达手势的结尾？对此，我们将读取系统时间值，一旦 100ms 过去而没有任何数据，我们将处理数据缓冲区中的所有数据。

检测手势的第一步是等待一个中断，它通知我们存在数据，或者轮询 APDS-9960。对于当前项目，轮询设备是完全可以接受的。但是，如果正在设计一个低功耗或电池供电的设备，则可使用中断功能。我们可以通过读取 GSTATUS 寄存器的 GVALID 位来确定 FIFO 中是否存在数据。如果设置了该位，则存在数据，随后即可读取数据。

如果存在数据，我们将读取有多少数据，并将所有数据读取到名为 GestureData 的列表中。这里把可以存储在列表中的数据量限制为 255 项，其原因在于，如果把手放在传感器上而不做任何手势运动，将会发生内存不足这一类错误。对于接收到的每一条新数据，我们都会读取以毫秒为单位的系统时间，并将其保存在 TimeSinceLastGestureData 中，以表示手势何时超时。对应代码如下所示。

```
# Check to see if there is valid gesture data present
self.GesturePresent = ord((self.i2c.mem_read(1, APDS_9960_ADDRESS,
    REGISTER_GSTATUS))) & REGISTER_GSTATUS_BIT_GVALID
if self.GesturePresent == 0x1:
    self.GestureInProgress = True
    self.GestureCount = ord(self.i2c.mem_read(1,APDS_9960_ADDRESS,
        REGISTER_GFLVL))
    while self.GestureCount > 0:
        self.GestureData.append(self.i2c.mem_read(4,
            APDS_9960_ADDRESS, REGISTER_GFIFO_U))
        self.GestureDataCount+=1
        self.GestureCount = ord(self.i2c.mem_read
            (1,APDS_9960_ADDRESS, REGISTER_GFLVL))
        if(self.GestureDataCount > GESTURE_DATA_LIST_SIZE_MAX):
            self.GestureDataClear()
    if (self.GestureDataCount > 0) and (self.__Verbose == True):
        print("GestureData=", self.GestureData[self.
            GestureDataCount-1][0],self.GestureData
            [self.GestureDataCount-1][1],
            self.GestureData[self.GestureDataCount-1]
            [2],self.GestureData[self.GestureDataCount-1][3])
    self.TimeSinceLastGestureData = utime.ticks_ms()
else:
    if self.GestureInProgress == False:
        self.TimeSinceLastGestureData = utime.ticks_ms()
```

此时，开发人员需要确定接收到数据的时间。这是通过读取微控制器上的当前时间，然后减去 TimeSinceLastGestureData 来完成的。如果结果大于 100ms，或者无论在 GESTURE_PROCESS_TIMEOUT 中设置了什么，则调用 GestureData_Process 并传入数据列表，以及列表中的元素数量。GestureData_Process 将告诉我们是否存在手势，如果存在，则在清除接收到的手势数据后返回手势。对应代码如下所示。

```
self.TimeNow = utime.ticks_ms()
if((self.TimeNow - self.TimeSinceLastGestureData) >
GESTURE_PROCESS_TIMEOUT):
    self.GestureInProgress = False
    if self.__Verbose == True:
        print("Process Gesture Data!")
    self.Result = self.GestureData_Process(self.GestureData,
        self.GestureDataCount)
    self.GestureDataClear()
    return self.Result
```

手势检测的真正神奇之处在于 GestureData_Process 中。该算法十分简单，如下所示。

（1）循环遍历在最后一个数据点之前出现的 4 个数据点。在每次循环过程中，我们从向下的光电二极管中减去向上的光电二极管，并将结果添加到存储在 Gesture_Vertical 的值中。

（2）从右边的光电二极管中减去左边的光电二极管，并将结果添加到存储在 Gesture_Horizontal 的值中。当循环完成时，我们将得到 4 个数据点的水平轴和垂直轴之间的计数差。

```
Gesture_Vertical = 0
Gesture_Horizontal = 0
for i in range ((GestureDataCount- 5), (GestureDataCount -1)):
    if self.__Verbose == True:
        print("GestureData=", GestureData[i][0],GestureData[i]
            [1],GestureData[i][2],GestureData[i][3])
    Gesture_Vertical += GestureData[i][0] - GestureData[i][1]
    Gesture_Horizontal += GestureData[i][2] - GestureData[i][3]
```

（3）取 Gesture_Horizontal 和 Gesture_Vertical 的绝对值。哪个值较大，对应轴就是手势运动所在的轴。例如，如果 Gesture_Horizontal 更大，则存在一个向左或向右的手势移动。一旦了解到要查看哪个轴，即可查看计数值是正值还是负值。对于垂直轴，如果 count 值为负，则手势是向后的；如果 count 为正值，意味着手势是向前的。对于水平轴，如果计数总数为负，则手势向右；如果计数为正，则手势向左。对应代码如下所示。

```
if(abs(Gesture_Vertical) > abs(Gesture_Horizontal)):
    if Gesture_Vertical < 0:
        Gesture = self.GESTURE_BACKWARD
    else:
```

```
        Gesture = self.GESTURE_FORWARD
else:
    if Gesture_Horizontal < 0:
        Gesture = self.GESTURE_RIGHT
    else:
        Gesture = self.GESTURE_LEFT

return Gesture
```

此时，用户应用程序将有一个可用于其应用程序代码的手势。接下来考查应用程序代码如何使用 APDS-9960 类来检测手势，然后控制 LED。

7.5.6　手势控制器应用程序

控制器应用程序需要执行几个不同的操作，例如：

（1）初始化手势类。

（2）初始化 LED 引脚。

（3）调用手势类。

（4）如果检测到一个手势，通过终端通知用户，并将一个 LED 设置为高电平且持续 5s。

具体步骤如下所示。

（1）应用程序的第一步是初始化 I2C 总线，该总线将用于与 APDS-9960 通信。在当前项目中，我们使用的是 I2C(1)，初始化的代码如下所示。

```
# Create a uart object, uart4, and setup the serial parameters
i2c = I2C(1) # create on bus 1
i2c = I2C(1, I2C.MASTER) # create and init as a master
i2c.init(I2C.MASTER, baudrate=400000) # init as a master
```

（2）一旦 I2C 总线被初始化，则初始化连接到 D2 到 D5 的 LED。如果使用的是 STM32L475 IoT Discovery 节点，那么可回忆一下第 5 章中的内容，即需要使用微控制器引脚名称，而不是 Arduino 头名称（除非对内核进行了修改）。如果使用的是不同的开发板，则需要检查相关配置，以确定要初始化哪些引脚。笔者的 LED 配备有电压公共集电极（VCC），当它们打开时，I/O 线用于将其接地。LED 的初始化代码如下所示。

```
# Initialize the pins that will be used for LED control
LED_Forward = pyb.Pin('PD14', pyb.Pin.OUT_PP)
LED_Backward = pyb.Pin('PB0', pyb.Pin.OUT_PP)
LED_Left = pyb.Pin('PB4', pyb.Pin.OUT_PP)
```

```
LED_Right = pyb.Pin('PA3', pyb.Pin.OUT_PP)
# Set the LED's initial state to off
LED_Forward.value(1)
LED_Backward.value(1)
LED_Left.value(1)
LED_Right.value(1)
```

注意，开发人员既可以使用 value()方法，也可以使用 high()方法。我们将在应用程序中使用这两种方法以供体验。

（3）初始化 LED 和 I2C 总线后，即可创建手势对象，对应代码如下所示。

```
# Initialize the gesture driver and disable debug messages
Gesture = APDS_9960(i2c, False)
```

这里传入了初始化的 I2C 对象和 False 值，因为我们不想在终端中看到调试信息。如果希望查看调试信息，其中包括手势数据，则可将 False 更改为 True。

（4）为了检测应用程序何时应该关闭 LED，需要两个变量：GestureDetected 和GestureDetectedTime，其初始化代码如下所示。

```
GestureDetectedTime = utime.ticks_ms()
```

应用程序中的 while 循环将首先从 Gesture 对象中调用 Detect()方法，如下所示。

```
# Main application loop
while True:
Result = Gesture.Detect()
```

如果检测到一个手势，Result 将显示该手势是什么。这里可以使用一个简单的 if/elif 块来确定检测到哪个手势。如果存在手势，则执行以下操作：

（1）将 GestureDetected 设置为 True。

（2）记录当前微控制器的嘀嗒时间。

（3）打开相关的 LED。

（4）将手势方向打印到 REPL。

对应代码如下所示。

```
if Result == APDS_9960.GESTURE_LEFT:
  GestureDetected = True
  GestureDetectedTime = utime.ticks_ms()
  LED_Left.low()
  print("Gesture Left!")
elif Result == APDS_9960.GESTURE_RIGHT:
  GestureDetected = True
```

```
 GestureDetectedTime = utime.ticks_ms()
 LED_Right.low()
 print("Gesture Right!")
elif Result == APDS_9960.GESTURE_FORWARD:
 GestureDetected = True
 GestureDetectedTime = utime.ticks_ms()
 LED_Forward.low()
 print("Gesture Forward!")
elif Result == APDS_9960.GESTURE_BACKWARD:
 GestureDetected = True
 GestureDetectedTime = utime.ticks_ms()
 LED_Backward.low()
 print("Gesture Backward!")
```

上述代码可以被重构，我们将把它作为一个练习留与读者。

该应用程序的最后一部分是 5s 后关闭 LED。这只是一个填充示例，以后可以控制继电器、收音机或许多其他设备。清除 LED 的代码如下所示。

```
if GestureDetected is True:
 if (utime.ticks_ms() - GestureDetectedTime) > 5000:
  GestureDetected = False
  LED_Backward.high()
  LED_Forward.high()
  LED_Right.high()
  LED_Left.high()
```

接下来将准备测试手势控制器。

7.6　测试手势控制器

读者可访问 https://github.com/PacktPublishing/MicroPython-Projects/tree/master/ch7 查看项目的示例代码。

下载代码并将其复制到开发板上。如果没有使用 STM32L475 IoT Discovery 节点，可能需要修改 LED 引脚或所使用的 I2C 总线，除此之外，该应用程序的运行应该没有任何其他问题。

一旦应用程序和 APDS-9660 模块被复制到 MicroPython 板上，在 REPL 中按 Ctrl + D 组合键，将执行软重启并启动应用程序。现在可以通过手势展示 APDS-9660。如果向右滑动，应该在 REPL 中看到 Right，同时一个 LED 将会打开。如果向左滑动，则会看到

Left，与之相关的 LED 也将打开。LED 应该在 5s 内关闭。如果认为这个时间太长，可将超时值改为 2000，以获得 2s 的超时。

如果采用右、左、前、后手势向控制器展示，对应结果如图 7.12 所示。它显示了手势控制应用在呈现向右手势、向左手势、前进手势和后退手势时的输出结果。

如果打算查看手势数据，可以按 Ctrl+C 组合键，随后用 True 初始化手势对象。当向右滑动时，对应结果如图 7.13 所示。

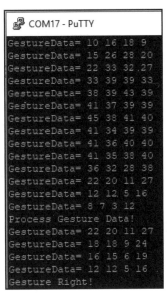

图 7.12

图 7.13

图 7.13 显示了右滑手势的调试输出。其中，光电二极管的数据顺序是上、下、左、右。至此，我们在项目中完成了自己的手势控制器。

ⓘ注意：

对于任何移动的物体，都需要提高代码的健壮性，并考虑在手势控制器失败或提供错误数据的情况下使用备份控件。

7.7 本 章 小 结

在本章中，我们讨论了如何使用 Avago APDS-9960 构建手势控制器。可以看到，APDS-9960 是一个非常复杂的设备，但是通过精心设计的软件体系结构，我们能够将这种复杂性抽象为应用程序代码中的几个简单调用。此外，本章还研究了如何解析传入的手势数据，从而可以很容易地扩展手势控制器来添加额外的功能，如光感应和接近检测。

在第 8 章中，我们将调整研究方向，并考查如何使用 MicroPython 和支持 Android 的平板电脑构建自动化和控制设备。

7.8　本 章 练 习

1．在手势控制应用中通常使用的技术是什么？
2．本章涵盖了哪 4 个主要的手势？
3．APDS-9660 提供哪 3 种模拟引擎？
4．驱动程序和集成应用程序模块之间的区别是什么？
5．用什么方法来确定手势的方向？

7.9　进一步阅读

Avago APDS-9960 数据表：https://cdn.sparkfun.com/assets/learn_tutorials/3/2/1/Avago-APDS-9960-datasheet.pdf。

第 8 章 基于 Android 的自动化和控制

自动化和控制是物联网（IoT）的两个驱动力。本地或远程控制设备网络并收集其传感器数据的能力可以以前所未有的方式分析和控制环境。在本章中，我们将使用运行MicroPython 的 ESP32 构建一个自动化和控制传感器节点。此外，还将创建一个通用的传感器节点，可以利用 Android 应用程序进行本地控制和查询。

本章主要涉及下列主题。

❑ 传感器节点项目需求。

❑ 硬件和软件设计。

❑ 构建传感器节点。

❑ 测试传感器节点。

8.1 技 术 需 求

读者可访问 https://github.com/PacktPublishing/MicroPython-Projects/tree/master/Chapter08 查看本章的示例代码。

当运行示例代码时，需要使用下列硬件和软件。

❑ 运行 MicroPython 的 ESP32 开发板（ESP32 WROVER-B）。

❑ 原型设计面包板。

❑ 电线跳线。

❑ 终端应用程序（如 PuTTY、RealTerm、Terminal 等）。

❑ 文本编辑器（如 PyCharm）。

8.2 传感器节点项目需求

本章项目的主要目的是建立一个低成本的传感器节点，可用于本地自动化控制。该传感器节点将获取传感器数据，如温度和湿度读数，并提供一个连接到移动设备的接口，不仅可以用来读取这些数据，而且——也许更重要的是——允许终端用户控制和管理该设备。为了使该项目更具扩展性，我们将通过简单、低成本的 LED 使用通用传感器和控制。此外，还可通过其他控制机制来取代 LED，如继电器、电机或开关，并进行额外的硬件调整。在这个项目结束时，我们将拥有一个由 Android 系统控制的、连接的传感器节点，并可以很容易地扩展到几乎任何应用。

接下来考查该项目的硬件需求。

8.2.1　硬件需求

当前项目将与 ESP32 模块协同工作。ESP32 模块是一个低成本的 Wi-Fi/蓝牙组合模块，非常具有成本效益。板载模块 ESP32-WROVERB 的售价通常不到 5 美元，且能够运行 MicroPython，所以我们可以轻松地开发连接应用，而不会超出个人预算。

对于传感器节点，可以定义几个简单的需求，这些需求将允许测试自动化和控制功能，然后可以在硬件中扩展这些功能，以用于更复杂的应用程序。当前项目的硬件要求如下所示。

❑　传感器节点将使用 ESP32-DevKitC 提供 Wi-Fi 和一般处理能力。

❑　该系统将有两个 LED，代表连接的传感器节点的输出控制机制（这些输出稍后可以连接到继电器板、晶体管或其他输出机构，如电动机，并添加额外的保护电路）。

这些简单的要求将使我们能够迅速建立一个连接传感器节点的原型，并以此实现自动化和控制。接下来考查相应的软件要求。

8.2.2　软件需求

为了成功构建可扩展的传感器节点系统，在软件方面有几项关键要求。这些要求涵盖以下内容。

❑　ESP32-DevKitC 硬件应该运行 MicroPython（这需要用最新的 ESP32 MicroPython 固件刷新开发板）。

❑　系统应该启用带有安全密码的 WebREPL 客户端，以无线方式更新板载固件。

❑　该系统应充当 Wi-Fi 接入点，允许移动设备直接连接到传感器节点。

❑　Android 移动设备应用程序将用于与传感器节点发送和接收套接字通信消息。

❑　套接字通信消息应该包括以下消息：

➢　控制 ESP32 上的两个输出，可以模拟控制和自动化。

➢　从传感器节点接收传感器数据。

我们可以通过一个连接的传感器节点完成多项任务，但是受限于本书的篇幅和时间要求，可供考虑的一些想法包括：

❑　ESP32 在工作站模式下工作，并连接到本地 Wi-Fi 网络。

❑　蓝牙无线电用于本地通信和配置。

❑　传感器数据被发布到一个在线服务器上，地址有待确定。

本章将只关注基础知识，让读者熟悉 ESP32 并了解如何获得基本的套接字通信消息以及运行方式。接下来将设计硬件和软件系统。

8.3　硬件和软件设计

在本节中，我们将讨论如何快速构建传感器节点原型，以探索如何使用 Android 设备执行自动化和控制。在深入研究并开始构建项目之前，可以花几分钟思考一下硬件架构和软件架构。

8.3.1　硬件架构

当前项目需要 3 个主要组成部分：
❑　ESP32-DevKitC 开发板。
❑　多个 LED。
❑　几个按钮。

一旦这个想法得到证实，即可使用直接控制物体的电路来取代 LED，用接触监视器取代开关。此外，还可以在 I2C 和 SPI 总线上添加各种传感器，这取决于最终的自动化和控制应用是什么。下面设置一个简单的硬件，如图 8.1 所示。

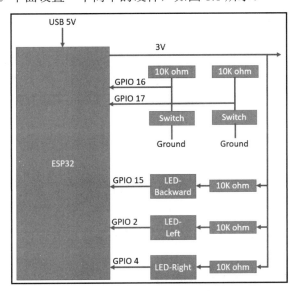

图 8.1

这个项目一开始就很简单，高级别和详细的设计与这个案例是相同的。现在可以深入研究项目的软件架构，这将是一个比较复杂的问题。

8.3.2　软件架构

传感器节点软件承担两个主要任务：系统状态任务和套接字接收任务。系统状态任务将定期对传感器进行采样，然后将这些数据打包成一条消息，并把该消息传输到套接字服务器。该套接字服务器将在 Android 设备上运行。

图 8.2 描述了系统状态任务的整体行为。

套接字接收任务负责从套接字服务器获取字符串数据，然后处理该数据。该任务的一般流程如图 8.3 所示。

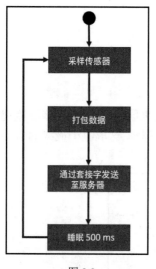
图 8.2

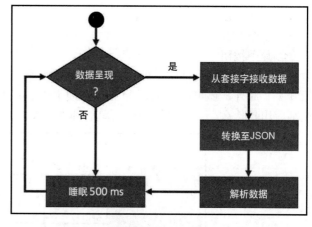
图 8.3

在了解了这两项任务的内容后，接下来开始构建系统。

8.4　构建传感器节点

下面开始利用 ESP32 构建 Android 控制的传感器。在本节中，我们将构建传感器节点，这需要完成下列工作。

（1）在 ESP32 上安装 MicroPython。

（2）将传感器节点设置为 Wi-Fi 访问点。

（3）安装 uasyncio。

（4）设置 Anaconda 环境。

（5）编写应用程序代码。

8.4.1　在 ESP32 上安装 MicroPython

构建传感器节点的第一步是在 ESP32 上安装 MicroPython。第 5 章介绍了如何进入 MicroPython 内核、对其进行自定义，然后重建内核。要在 ESP32 上安装 MicroPython，不需要执行所有这些步骤。但是，可以通过从 MicroPython 网站下载其最新的稳定版来进行简化，对应网址为 https://micropython.org/download#esp32。

可以发现，存在多种不同的版本，如下所示。

❑ 通用版本，支持 BLE、LAN 和 PPP。

❑ 通用的 SPIRAM 版本，支持 BLE、LAN 和 PPP。

❑ 通用版本，支持 BLE，但不支持 LAN 或 PPP。

❑ 通用的 SPIRAM 版本，支持 BLE，但不支持 LAN 或 PPP。

选择哪个版本取决于开发板终端应用。例如，如果选择的开发板支持包含在模块中的外部 4MB PSRAM，那么可以选择 SPIRAM 版本，以便访问这个额外的 RAM。在这种情况下，假设应用程序只需要支持蓝牙，那么开发人员可选择支持 BLE 但不支持 LAN 或 PPP 的通用 SPIRAM 版本。在当前项目中，我们将使用支持 BLE、LAN 和 PPP 的通用 SPIRAM 版本，请自行下载。

8.4.2　安装 ESP32 闪存工具

为了将 ESP32 MicroPython 下载到 ESP32 开发板上，需要下载 Espressif ESP32 闪存工具。该工具可以从 GitHub 上下载，对应网址是 https://github.com/espressif/esptool。

此外，还可利用下列命令和 pip 在计算机终端中下载和安装 esptool。

```
pip install esptool
```

我们将使用这个工具将 MicroPython 编程到开发板中。

8.4.3　利用 MicroPython 对 ESP32 编程

一旦下载了 ESP32 镜像并安装了 esptool，就可以用 MicroPython 内核刷新开发板了。对于一个全新的开发板，必须首先擦除现有固件。一旦固件被擦除，即可在设备上编程一个新的镜像，在复位后，应可看到熟悉的 MicroPython REPL 出现在终端中。

（1）将 ESP32 开发板插入计算机。

（2）打开终端或命令提示符。

（3）导航至 Python 安装目录。

（4）输入以下命令擦除 ESP32 固件。注意，需要识别开发板枚举的串行端口。

```
esptool.py --chip esp32 --port COM3 erase_flash
```

如果成功，终端将显示如图 8.4 所示的输出结果。

```
C:\Python37>esptool.py --chip esp32 --port COM3 erase_flash
esptool.py v2.8
Serial port COM3
Connecting....
Chip is ESP32D0WDQ5 (revision 1)
Features: WiFi, BT, Dual Core, 240MHz, VRef calibration in efuse, Coding Scheme None
Crystal is 40MHz
MAC: 4c:11:ae:6b:2d:54
Uploading stub...
Running stub...
Stub running...
Erasing flash (this may take a while)...
Chip erase completed successfully in 8.9s
Hard resetting via RTS pin...
```

图 8.4

（5）确保新的 ESP32 镜像的路径随时可用。有些开发者可能想要复制镜像并将其临时放置在 Python 文件夹中。

（6）输入以下命令将 MicroPython 编程到 ESP32 上。

```
esptool.py --chip esp32 --port COM3 --baud 460800 write_flash -z
0x1000 esp32spiram-idf3-20191220-v1.12.bin
```

注意，需要将镜像名称更新为下载的最新版本，并更新开发板连接的端口。更新操作可能需要几分钟，整个过程看起来如图 8.5 所示。

```
C:\Python37>esptool.py --chip esp32 --port COM3 --baud 460800 write_flash -z 0x1000 esp32spiram-idf3-20191220-v1.12.bin
esptool.py v2.8
Serial port COM3
Connecting....
Chip is ESP32D0WDQ5 (revision 1)
Features: WiFi, BT, Dual Core, 240MHz, VRef calibration in efuse, Coding Scheme None
Crystal is 40MHz
MAC: 4c:11:ae:6b:2d:54
Uploading stub...
Running stub...
Stub running...
Changing baud rate to 460800
Changed.
Configuring flash size...
Auto-detected Flash size: 4MB
Compressed 1327936 bytes to 816930...
Wrote 1327936 bytes (816930 compressed) at 0x00001000 in 19.1 seconds (effective 555.5 kbit/s)...
Hash of data verified.

Leaving...
Hard resetting via RTS pin...
```

图 8.5

（7）一旦固件被编程，按下开发板上的复位按钮，以确保得到一个干净的启动。

（8）打开终端，将波特率设置为 115200b/s。

（9）应可看到 ESP32 执行软重启并加载 MicroPython REPL，如图 8.6 所示。

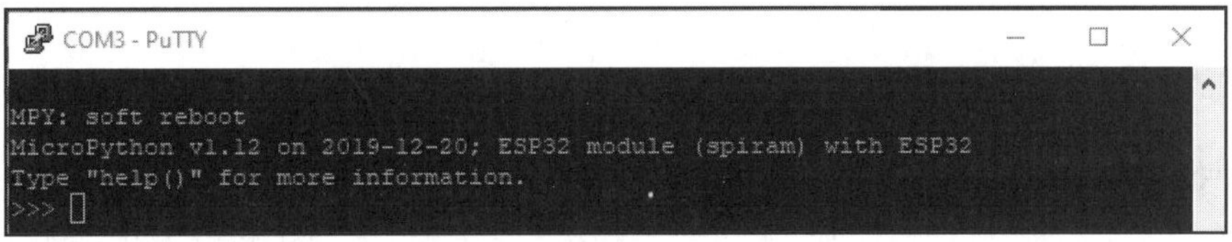

图 8.6

至此，我们实现了在 ESP32 上运行 MicroPython。

8.4.4　利用 LED 测试 MicroPython

MicroPython 现在已经安装在 ESP32 模块上，设置 Wi-Fi 和构建更复杂的应用程序的较好方法是从简单的内容开始，然后逐渐复杂化。在软件世界中，我们经常打印 Hello World 作为完整性检查，而在硬件世界中，闪烁 LED 则是一项很好的测试。

为了快速测试，可将带有 220Ω 串联电阻的 LED 连接到 ESP32-DevKitC 连接的引脚 2。此处将电阻连接到 3.3V 引脚和 LED 阳极，然后将 LED 阴极直接连接到引脚 2。在这种情况下，当谈及引脚 2 时，是指在电路板阻焊层上标有数字 2 的引脚。这并不表示物理引脚 2，而是 I/O 引脚 2。

连接 LED 后，打开串行提示符，这样就进入了 MicroPython REPL。在 REPL 中创建以下函数。

```
def toggle(p):
    p.value(not p.value())
```

确保按 Enter 键的次数足够多，以返回至主提示符。接下来定义一个与 LED 相连的引脚。

```
import machine
pin = machine.Pin(2, machine.Pin.OUT)
```

最后，可以创建一个简单的循环，每 500ms 调用一次 pin，如下所示。

```
import time
while True:
        toggle(pin)
        time.sleep_ms(500)
```

当多次按 Enter 键后，即可看到 LED 以所需的频率闪烁。现在我们已经验证了
MicroPython 功能齐全，并且可以成功地连接它的硬件，随后按 Ctrl + C 组合键停止应用
程序的执行。接下来将设置 Wi-Fi 接入。

8.4.5　设置 WebREPL

ESP32 MicroPython 固件的行为与 STM32 处理器的固件有一点不同，当 ESP32 开发
板被插入计算机时，它就会枚举并提供熟悉的串行 REPL。然而，该开发板并不会作为一
个大容量存储设备被列举出来。这给开发人员提供了加载 Python 脚本的两种选择：

❑　使用原始 REPL 模式。
❑　使用 WebREPL。

本节将展示如何设置 WebREPL。

顾名思义，WebREPL 是一个基于 HTML 的网页，允许开发人员与 ESP32 MicroPython
内核进行交互。WebREPL 允许开发人员连接到 ESP32 Wi-Fi，然后通过网页文件，可以
将文件转移到文件系统上或移出文件系统。

默认状态下，WebREPL 处于禁用状态。若要启用 WebREPL，可执行下列步骤。

（1）在终端上连接 ESP32 串口 REPL。

（2）输入以下命令，然后按 Enter 键。

```
import webrepl_setup
```

（3）在提示符页面，按 E 键，然后按 Enter 键。

（4）输入长度为 4~9 个字符的密码。

（5）按 Y 键，然后按 Enter 键重新启动系统。

图 8.7 显示了整个序列和将在终端上打印的结果。

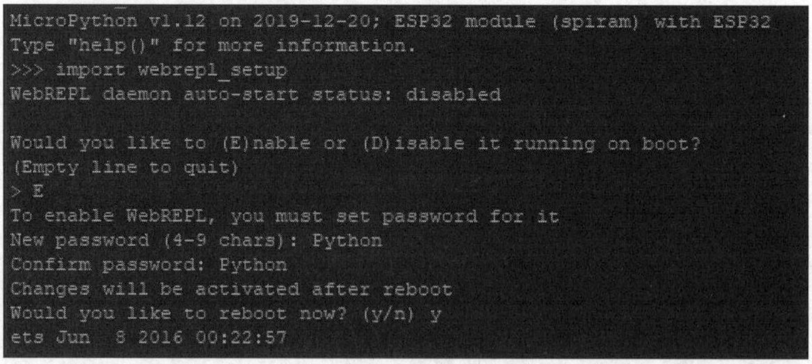

图 8.7

一旦 ESP32 重启，可能会期望 Wi-Fi 在默认情况下启用，并且可以连接到 SSID。但实际情况并非如此。为了启用 Wi-Fi，需要通过串行 REPL 发出几个命令，然后更新 boot.py 脚本，以便默认启用 Wi-Fi。

在串行 REPL 中，输入下列命令启用 Wi-Fi。

```
import network
ap_if = network.WLAN(network.AP_IF)
ap_if.active(True)
```

可以看到，Wi-Fi 当前处于启动状态。另外，当前应可看到 ESP32 在 SSID 上广播。SSID 分为 ESP_和××××××两部分。ESP_部分表示这是一个 ESP 模块，而剩下的 6 个字符是设备 MAC 地址的一部分。这意味着设备的 SSID 从一次引导到下一次引导将保持相同，但是如果配置了多个模块，那么每个模块都将具有自己唯一的默认 SSID。

一旦 WebREPL 被启用，可通过两种途径连接到 ESP32。

（1）可以访问 http://micropython.org/webrepl，并在页面加载后连接到 ESP32。

（2）可以从 https://github.com/micropython/webrepl 下载 WebREPL，并直接从本地计算机运行。

运行 WebREPL 将会出现如图 8.8 所示的界面。

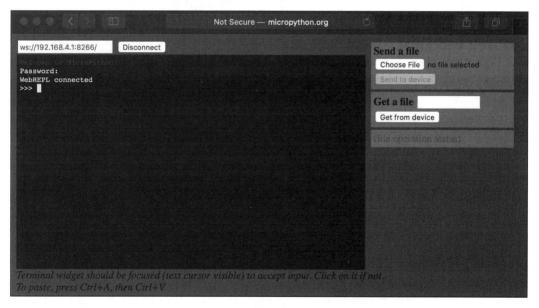

图 8.8

关于 WebREPL，有几个重要的特性需要注意。

❑   WebREPL 不支持 HTTPS，所以所有的连接都必须通过 HTTP 完成。

❑   ESP32 的默认 IP 地址为 192.168.4.1。我们连接的端口是 8266，它代表到 ESP8266 处理器的原始 MicroPython 端口。

❑   为了建立连接，需要记住 WebREPL 密码。

一旦开发人员通过 WebREPL 连接，即可与 MicroPython 设备进行交互，就像通过串行接口连接一样。唯一的区别是，在网页的右侧包含发送文件到 ESP32 文件系统的选项和获取文件的选项。如前所述，我们希望更新文件系统，以便自动启用 Wi-Fi。为此，我们将执行以下步骤修改 boot.py 脚本。

（1）通过 WebREPL 连接后，在 Get a file 框中输入 boot.py。

（2）单击 Get from device 按钮。

（3）打开刚刚下载的 boot.py 文件。

```
import webrepl
webrepl.start()
```

（4）更新 boot.py 脚木。

```
import webrepl
import network
ap_if = network.WLAN(network.AP_IF)
ap_if.active(True)
```

（5）在 WebREPL 中，单击 Send a file 部分中的 Choose File 按钮。

（6）访问修改后的 boot.py 文件并选择该文件。

（7）单击 Send to device 按钮，并上传新的启动脚本。

当 ESP32 启动时，默认状态下，Wi-Fi 接入点处于启用状态。

8.4.6 利用 Anaconda 简化应用程序开发

WebREPL 是一个非常有用的工具，可以用来处理交互式网页，通过 Wi-Fi 在 ESP32 上移动文件。对于经验丰富的开发人员来说，使用 WebREPL 开发软件似乎相当乏味。因此，本节讨论将应用程序代码推送到 ESP32 的另一种方法，即使用 Anaconda 来实现。

Anaconda 是一个免费的包和环境管理器，包含一个涵盖数千个开源包的 Python 发行版。Anaconda 提供了一个 Anaconda 提示符，可以在任何主要的 PC 平台上使用，并允许开发人员创建自己的 Python 虚拟机。对我们来说最重要的是，它提供了一种方便的方式来下载 ampy。ampy 是一个 Adafruit 包，专门用于与 ESP32 接口进行 MicroPython 开发。

为了设置 Anaconda，可执行下列步骤。

（1）访问 https://www.anaconda.com/distribution/，单击 Download 并选择平台。

（2）待下载完毕后，安装 Anaconda。

（3）安装完成后，打开 Anaconda 提示符。

在提示符中，通过输入下列命令设置环境。

❑　conda create -n ESP32-uPython python =3.7。

❑　conda activate ESP32-uPython。

❑　pip3 install ampy-adafruit。

在成功地安装了 ampy 后，终端中将显示如图 8.9 所示的输出结果。

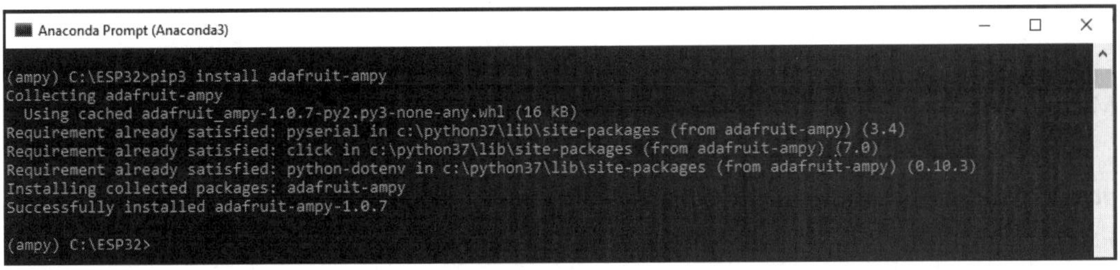

图 8.9

在设置了 Anaconda Python 虚拟机后，即可在 ESP32 之间传输文件。下面通过快速编写一个简单的脚本来练习发送和获取脚本。

（1）在提示符中，使用下列命令提取 main.py 脚本（当然要把 COM3 更改为设备所在的端口）。

```
ampy --port COM3 --baud 115200 get main.py main.py
```

（2）此处 main.py 书写了两次，以提示想要下载该文件。在下载 main.py 后，在文本编辑器中打开该文件，并编写一个简单的切换应用程序，如下所示。

```
import machine
import time
pin = machine.Pin(2, machine.Pin.OUT)
def toggle(p):
          p.value(not p.value())
while True:
          toggle(pin)
          time.sleep_ms(500)
```

（3）保存脚本，并于随后使用下列命令上传新脚本。

```
ampy --port COM3 --baud 115200 put main.py
```

（4）确保将 LED 连接到 GPIO 2。拔掉 ESP32 的插头，然后插上，应该看到 LED 以 500ms 的速度闪烁。现在便有了一种更简单的方法来与 ESP32 交互并将脚本推送给它。

❶ 注意：

一旦关闭了 Anaconda，ampy 虚拟机也将被关闭。当再次打开 Anaconda 时，用户将处于基础环境中。要重新启动 ampy 环境，请输入 activate ampy。这将使用户回到可以使用终端加载代码的位置。

8.4.7　安装 uasyncio

uasyncio 是一个协作调度模块，对于创建并发任务非常有用。默认情况下，ESP32 的 MicroPython 端口并没有将 uasyncio 库内置到 MicroPython 内核中，需要由使用者来安装。

现在，我们有几种方法可以安装 uasyncio 库，这些方法记录在 https://github.com/peterhinch/micropython-async/blob/master/TUTORIAL.md，建议读者阅读其中的教程。在 ESP32 上安装 uasyncio 的基本步骤如下。

（1）访问 https://github.com/micropython/micropython-lib，下载 uasyncio。可以通过下载.zip 文件或使用以下命令复制存储库来完成此操作。

```
git clone https://github.com/micropython/micropython-lib.git
```

（2）访问在 Anaconda 中工作的文件夹，并创建一个名为 uasyncio 的目录。

（3）在 micropython-lib 下载中，将以下文件复制到新的 usyncio 文件夹中。

- ❑　uasyncio/uasyncio/__init__.py。
- ❑　uasyncio.core/uasyncio/core.py。
- ❑　uasyncio.synchro/uasyncio/synchro.py。
- ❑　asyncio.queues/uasyncio/queues.py。

（4）在 Anaconda 提示符下，输入下列命令并安装 uasyncio 目录。

```
ampy --port COM3 --baud 115200 put asyncio
```

上述命令将 asyncio 及其全部内容复制至 ESP32 中。

8.4.8　编写传感器节点应用程序

在所有环境设置完毕后，下面开始编写应用程序。

1. 导入和支持对象

首先，导入应用程序所需的库和模块来启动应用程序。这里将使用 machine 访问

GPIO 接口。machine 是一个通用的 MicroPython 库，可轻松地将代码移植到任何基于 MicroPython 的设备上。然后，为所有套接字通信使用套接字库。此处将使用 asyncio 来调度应用程序任务。最后，使用 ujson 来创建和解析 JSON 消息。脚本的导入部分如下所示。

```python
import machine
import socket
import uasyncio as asyncio
import ujson
```

2. LED 和本地控制

我们正在使用 LED 来模拟物理机制的控制，并希望通过传感器节点来控制物理机制。为了控制 LED，需要为 LED 分配几个 GPIO 引脚，并创建一些简单的函数来命令它们，例如 gpio_on 和 gpio_off。下列代码用于创建一些 LED 对象。

```python
LED1 = machine.Pin(2, machine.Pin.OUT)
LED2 = machine.Pin(0, machine.Pin.OUT)
LED3 = machine.Pin(4, machine.Pin.OUT)
```

可以看到，这里使用 machine 分配将使用的特定引脚，并设置输出模式。在分配好引脚后，即可编写一些辅助函数来控制 LED，如下所示。

```python
def gpio_toggle(p):
    p.value(not p.value())
def gpio_on(p):
    p.value(0)
def gpio_off(p):
    p.value(1)
```

据此，即可开始构建套接字应用程序。

3. socket_connect()

我们将创建一个连接至套接字服务器的函数，该函数的定义如下所示。

```python
def socket_connect(address, port):
    s.settimeout(1.0)
    addr_info = socket.getaddrinfo(address, port)
    addr = addr_info[0][-1]
    try:
        print("Attempting to connect to socket server ...")
        s.connect(addr)
        print("Connection successful!")
    except Exception as e:
        print(e)
```

其中，我们传入了套接字服务器所在的 IP 地址和端口号。然后使用 socket.getaddrinfo 创建 addr_info 对象，该对象可以传递给套接字连接方法。此处将连接尝试封装在 try/except 中，以防遇到连接问题，如服务器不存在。

我们需要开发两个主要任务，即 receive 任务和 system status 任务。下面将开发这些应用程序，以及所支持的应用程序类和函数。

4．socket_receive()

socket_receive()函数将检索从套接字服务器发送到传感器节点的数据。从套接字中提取数据有几种不同的方法，这里要使用的方法是 recv。recv 方法允许指定在处理套接字之前要从套接字提取多少字节的数据。这更像是一个最大值而不是最小值。套接字中的数据作为字符串接收。我们想要将这个字符串转换成一个 JSON 字典，然后进行解析，这可以通过使用 ujsonloads 方法实现。

关于 socket_receive()函数，有一些重要的内容需要了解。该函数将作为一项任务通过 uasyncio 运行。这意味着在很短的时间内，recv 方法会超时，如果没有数据需要处理，任务就会运行并占用 CPU。当前例子将任务运行的时间设置为 0.5s，但也可以根据应用程序的需要来改变。这也意味着，当 recv 方法超时时，将收到一个连接超时的异常。

我们要确保在错误处理程序中不会持续地打印出此消息，所以有必要多写几行代码来处理这个异常。一般来说，socket_receive()函数的代码如下所示。

```
def socket_receive():
    while True:
        try:
            receive_string = s.recv(500)
            rxjsonobj = ujson.loads(receive_string)
            parse_command(rxjsonobj)
        except Exception as e:
            if errno.ETIMEDOUT:
                pass
            else:
                print(e)
    await asyncio.sleep(0.5)
```

查看上述代码可以看到，目前尚未定义 parse_command()函数。在定义 parse_command()函数之前，首先定义传感器节点类，它描述了示例硬件并保存对象数据。

5．IotDevice 类

IotDevice 类包含传感器节点的特定行为。该类包含采样传感器、控制外部设备等所需的方法。在我们的例子中，IotDevice 类具有以下几项功能。

❑ 管理 LED 的状态（代表要控制的外部设备）。

❑ 管理温度、湿度等传感器变量。

❑ 持有物联网设备的 ID。

❑ 包括采样和控制物联网设备的方法。

首先创建 IotDevice 类并构建构造函数。下列代码展示了相关示例。

```
class IotDevice:
    def __init__(self):
        self.LED1 = "Off"
        self.LED2 = "Off"
        self.LED3 = "Off"
        self.Temperature = 21.1
        self.Humidity = 63.4
        self.ID = "14-3826"
```

随后可创建一个方法来管理板载传感器采样。目前，示例中不包含任何传感器，因而将使用在构造函数中创建的温度和湿度变量，并为此创建一种模式，如每次调用采样方法时递增。示例采样方法如下所示。

```
def sample(self):
    self.Temperature = self.Temperature + 0.1
    if self.Temperature >= 30.0:
        self.Temperature = 15
    self.Humidity = self.Humidity + 0.5
    if self.Humidity >= 100:
        self.Humidity = 25.0
```

上述代码的一个较好的扩展是集成一个真实的温度和湿度传感器，然后对其进行采样以提供真实的值。这将留与读者以作练习。

接下来将讨论如何实现命令解析函数。

6. 命令解析

命令解析函数将解析传入的套接字数据，这些数据是 JSON 格式，以确定系统接收的是什么命令。这里，所支持的命令如下所示。

❑ LED1。

❑ LED2。

❑ LED3。

这些命令仅包含两种可能值。

❑ On。

❑　Off。

回忆一下，socket_receive()函数接收字符串，然后将其重新构造为 JSON 格式的字典。解析函数需要搜索字典，查看消息中是否存在对命令字的引用，如果有，则可以将命令作为键引用该值。parse_command()函数的代码示例如下。

```python
def parse_command(message):
    if "LED1" in message:
        if message["LED1"] == "On":
            gpio_on(LED1)
            Device.LED1 = "On"
            print("LED 1 On")
        else:
            gpio_off(LED1)
            Device.LED1 = "Off"
            print("LED 1 Off")
    if "LED2" in message:
        if message["LED2"] == "On":
            gpio_on(LED2)
            Device.LED2 = "On"
            print("LED 2 On")
        else:
            gpio_off(LED2)
            Device.LED2 = "Off"
            print("LED 2 Off")
    if "LED3" in message:
        if message["LED3"] == "On":
            gpio_on(LED3)
            Device.LED3 = "On"
            print("LED 3 On")
        else:
            gpio_off(LED3)
            Device.LED3 = "Off"
            print("LED 3 Off")
```

在本例中，我们使用单独的 if 语句来检查命令是否在消息中，如下所示。

```python
if "LED1" in message:
```

如果字典中有对该命令的引用，则将 LED1 命令作为字典的键，然后使用以下代码行获得一个 On 或 Off 值。

```python
if message["LED1"] == "On":
```

此时，可以确定在接收到该命令和值时希望应用程序执行什么操作。

ⓘ 注意:

当前示例仍存在改进空间。例如，解析命令和 GPIO 功能可以内置到 IotDevice 类中，但此处我们将二者分开，以便在添加自定义代码时可以轻松删除它们。

扩展命令解析器就像向函数中添加额外的 if 语句来检查其他命令和状态值一样简单。

7. 系统状态任务

现在我们能够接收和解析命令，还需要能够将状态信息发送回服务器。对此，将创建一个系统状态任务，它将调用 IotDevice 对象的采样方法，然后将数据打包并以 JSON 格式发送到套接字服务器。当编写主应用程序代码时，system_status 任务将被添加到 asyncio 任务列表中。任务代码如下所示。

```
def system_status():
    while True:
        # Sample Sensors or get the latest result
        Device.sample()
        data = {}
        data['id'] = Device.ID
        data['temperature'] = Device.Temperature
        data['humidity'] = Device.Humidity
        data['led1'] = Device.LED1
        data['led2'] = Device.LED2
        data['led3'] = Device.LED3
        socket_send(data)
        await asyncio.sleep(0.5)
```

此处需要注意两点内容。

❑ 我们每 500ms 向服务器发送一次更新信息。这可能比需要的要快，但同样可以根据应用程序的需要进行调整。

❑ 我们将数据传递给一个名为 socket_send()的函数。

接下来将详细介绍 socket_send()函数。

8. socket_send()

socket_send()函数需要接收打包的数据，然后将其转换为 JSON 字符串。这可以使用 ujson.dumps()函数来完成。该函数接收 JSON 数据，然后将其转储为一个字符串，然后可以传输该字符串。socket_send()函数的代码如下所示。

```
def socket_send(Data):
    mystring = ujson.dumps(Data)
    try:
        s.write(mystring + "\r\n")
```

```
except Exception as e:
    if errno.ECONNRESET:
        socket_connect()
    print(e)
```

可以看到，一旦创建了字符串，就可以访问 s 对象，它是我们的套接字连接。然后调用 write()方法。如果发送错误，那么只需将其打印到 REPL 中。据此，我们就拥有了最终构建主应用程序所需的一切。

9. 主应用程序

构建主应用程序要完成以下任务。

（1）实例化 IotDevice 对象。

（2）将 LED 初始化为 Off。

（3）创建套接字连接。

（4）初始化调度器。

下面考查每项任务的代码。

（1）实例化 IotDevice 对象并初始化 LED，如下所示。

```
Device = IotDevice()
gpio_off(LED1)
gpio_off(LED2)
gpio_off(LED3)
```

（2）创建套接字对象，然后连接到套接字服务器。在当前示例中，将使用托管在 Android 设备上的套接字服务器，它可以很容易地托管在 Web 上的某个地方，然后可以为套接字服务器、Android 设备和传感器节点设置中继。选项是无限的，这里将使用 Android 的套接字服务器。

我们将使用的套接字服务器地址取决于应用程序。我们将在"测试传感器节点"一节中详细讨论这一点。现在将使用 1024 端口和 192.168.4.2 地址。创建套接字并连接到服务器的代码如下所示。

```
s = socket.socket()
socket_connect("192.168.4.2", 1024)
```

（3）初始化协作调度器。这里想要创建两项任务：一项任务用于系统状态，另一项任务用于从套接字接收数据。对应代码如下所示。

```
loop = asyncio.get_event_loop()

loop.create_task(system_status())
```

```
loop.create_task(socket_receive())
loop.run_forever()
```

不要忘记，每项任务必须包含一个 while 循环。

现在一切就绪，接下来准备使用 Android 套接字服务器测试传感器节点。下一节将描述如何在 Android 上设置服务器，然后与传感器节点建立双向通信。

8.5　测试传感器节点

读者可访问 https://github.com/PacktPublishing/MicroPython-Projects/tree/master/Chapter08/esp32 查看当前项目的代码，并通过 8.4.6 节介绍的步骤将其复制至开发板中。

8.5.1　Android 套接字服务器

这里，有几个不同的预先构建的套接字应用程序是为 Android 编写的，用来测试传感器节点的应用程序称为 Simple TCP Socket Tester，但也可以使用其他应用程序。套接字测试器特别有趣，因为它允许 Android 平板电脑充当套接字服务器或套接字客户端。这为我们提供了使用相同应用程序的灵活性，无论 ESP32 是作为客户端还是服务器。

现在花一点时间访问 Google Play Store 应用程序并安装 Simple TCP Socket Tester。

一旦下载了应用程序，打开该程序后会出现如图 8.10 所示的界面。

图 8.10

　　注意，顶部有两个区域，一个是服务器，一个是客户端。它所分配的 IP 地址将基于 Android 设备的 IP 地址。此处有一个按钮来启动和停止服务器，同时还可以指定将使用的端口。

　　服务器配置下面是一个文本框，用于从套接字服务器向连接的客户端发送字符串消息。在该文本框下面是一个显示客户端消息的文本框。就像大多数应用程序一样，我们也可以清除这些文本框。

　　为了成功地与传感器节点通信，要完成下列操作。

　　（1）在应用程序运行时启动传感器节点。

　　（2）将 Android 设备连接到传感器节点的 Wi-Fi。SSID 将以 ESP_开头，随后是来自 MAC 地址的 6 个字符，如图 8.11 所示。

图 8.11

　　（3）连接后，在 REPL 中停止应用程序并重新启动。这确保了应用程序可以成功地连接到服务器。

（4）在 Android 应用程序中，可以观察到客户端的数量从 0 变为 1。此外，可能还会看到 IP 地址已经更改，因为现在在不同的网络上。

另外，还应该看到，消息现在从显示传感器样本数据的传感器节点传入，如下所示。

```
{"led3": "Off", "led1": "Off", "humidity": 66.9, "led2": "Off", "id":
"14-3826", "temperature": 21.8}
```

现在我们有了一个连接，并且看到了来自设备的数据流，接下来讨论可以向设备发送什么信息来控制 LED。

8.5.2 向传感器节点发出命令

之前创建的命令解析器包含可识别的几条命令，如下所示。

❑ LED1。
❑ LED2。
❑ LED3。

我们需要以 JSON 格式的字符串将这些命令发送到传感器节点。例如，可以发送一条消息，并通过发送以下代码打开 LED1。

```
{"LED1": "On"}
```

此外，还可发送下列代码关闭 LED。

```
{"LED1": "Off"}
```

我们并不局限于一次控制一个 LED。例如，可以构建一个 JSON 消息，使我们能够同时命令所有的 LED。如果想在关闭 LED2 的同时打开 LED1 和 LED3，可以构建一个 JSON 消息，如下所示。

```
{"LED1": "On", "LED2": "Off", "LED3": "On"}
```

传感器节点的最后一个测试是在套接字测试应用程序中进行测试。

8.5.3 测试命令

测试对 LED 的控制只需要构建一个 JSON 消息，例如在 8.5.2 节中创建的消息。执行测试的步骤如下。

（1）验证 Simple TCP Socket Tester 应用程序是否连接，方法是验证它是否有一个连接的客户端，并且可以看到数据包从传感器节点流向服务器。

（2）在应用程序界面的 Write here the info to send...部分，输入以下 JSON 信息。

```
{"LED1": "On", "LED2": "Off", "LED3": "On"}
```

（3）单击 SEND 按钮，可以看到 LED 打开。

应用程序界面如图 8.12 所示。

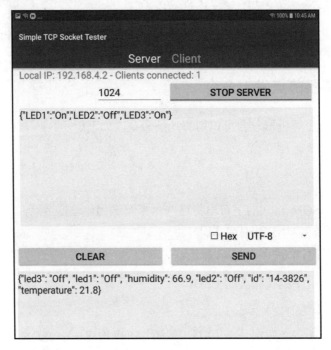

图 8.12

（4）现在，将信息更新为以下内容。

```
{"LED1": "Off", "LED2": "On", "LED3": "Off"}
```

（5）单击 SEND 按钮，则会看到 LED 状态已经切换。

我们现在有了一个可以与套接字服务器通信的功能性传感器节点。从此，我们可以有无限的可能性。

8.6　本章小结

本章讨论了如何使用 ESP32 和基于 Android 的套接字服务器构建 Android 控制的传

感器节点。我们学习了如何在 ESP32 上部署 MicroPython 以及如何安装 asyncio 模块。此外，还研究了如何编写一个允许连接到套接字服务器并从中发送和接收数据的脚本。

我们使用的例子只是将 JSON 格式的模拟传感器数据发送到服务器，并接收来自服务器的 JSON 格式的数据，然后对收到的信息进行解析并用于控制 LED。我们也可以将其换成更有趣的控制方案，如电机和继电器。

第 9 章将利用机器学习和 MicroPython 设计与构建基本的物体检测机制。

8.7　本章练习

1．我们用什么库来创建 MicroPython 中的任务？
2．在刷新 ESP32 时，我们使用 MicroPython 的哪个版本？
3．用 MicroPython 刷新 ESP32 的工具是什么？
4．哪个 MicroPython 模块可以用来控制任何 MicroPython 端口的 I/O？
5．哪些方法可以用来向 ESP32 推送脚本？

8.8　进一步阅读

1．https://docs.anaconda.com/anaconda/user-guide/getting-started/。
2．https://docs.micropython.org/en/latest/library/usocket.html。

第9章 利用机器学习构建物体检测应用程序

识别物体的能力正在成为嵌入式系统的一项关键技能。无论系统是识别装配线上的物体，还是识别其路径上的人或物体，环境意识正在成为许多系统的一个重要特征。使用传统的编码技术对识别算法进行手工编码是非常困难和具有挑战性的。使用机器学习并利用 CIFAR-10 类在系统中建立物体识别机制，几乎就像编写一个"Hello World!"应用程序一样简单。

在本项目中，我们将考查机器学习和嵌入库，进而在基于微控制器的设备上执行物体检测操作。

本章主要涉及下列主题。

❑ 机器学习简介。
❑ 物体检测需求。
❑ 物体检测设计和理论。
❑ 在 OpenMV 相机上实现并测试物体检测。

9.1 技 术 需 求

读者可访问 GitHub 查看本章的示例代码，对应网址为 https://github.com/PacktPublishing/MicroPython-Projects/tree/master/Chapter09。

为了运行相关示例，要有下列硬件和软件。

❑ OpenMV 摄像头模块。
❑ OpenMV IDE。
❑ 面包板。
❑ 电线跳线。

9.2 机器学习简介

从传统意义上讲，嵌入式开发人员需要掌握 8 个核心技能，以便成功地设计和构建嵌入式产品。其中包括：

❑　架构设计。
❑　代码分析。
❑　缺陷管理/调试。
❑　文档。
❑　语言技能。
❑　流程和标准。
❑　测试。
❑　工具。

机器学习是许多开发人员感兴趣的一个重要的新兴领域，也是一个有可能改变嵌入式软件开发游戏规则的工具。

根据维基百科的说法："机器学习是计算机科学的一个领域，通常使用统计技术赋予计算机学习数据的能力，而无须明确编程。"

值得注意的是，在这个定义中，机器实际上并没有在学习，而是在使用一种算法，根据提供给它的输入，从统计学上确定一个结果。许多机器学习算法使用一个可能包含多个输入和输出的神经元集合，这些神经元被设置成层来分解问题。神经元的每个输入都有一个与之相关的权重，每个神经元都有一个与之相关的激活偏置，决定神经元的输出是否启动。

输出层神经元通常输出单个值，这提供了输出是特定值的统计机会。例如，代表数字 0 的神经元的输出可能是 0.97，这意味着提供给它的图像有 97%的机会是数字 0。图 9.1 是感知器神经元工作原理的一个简单例子。

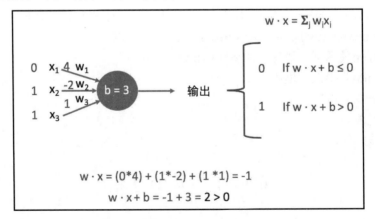

图 9.1

在图 9.1 中，感知器神经元只允许输入值为 0 或 1，输出值为 0 或 1。它包含 3 个具有相关权重的输入，例如分别为 4、−2 和 1。神经元的激活偏置等于 3。在这种情况下，输出只能是 0 或 1，并通过输入值与其相关权重的点积的总和来确定。如果点积加上激活偏置的总和大于 0，那么神经元将被激活，输出 1。

感知器因其简单性而成为机器学习中最早采用的神经元之一。不过，使用感知器也有问题。例如，输入的一个非常微小的变化就会导致输出的完全改变。输出表现为一个阶跃函数，因为它只能是 0 或 1。这就是为什么经常使用其他的神经元类型，如 sigmoid，且允许数值在 0 和 1 之间。这具有平滑输出的效果，输入的微小变化不会导致输出的重大变化。

读者不需要深入了解机器学习算法中的数学结构来完成本章的项目。但是，如果读者有兴趣初步了解幕后发生的事情，建议观看以下 YouTube 视频。这种视频提供了很好的背景资料，说明什么是神经元，以及它们是如何被建立起来以创建一个可用于机器学习的网络。

- ❑　https://www.youtube.com/watch?v=aircAruvnKkt= 28s（大约 20min）。
- ❑　https://www.youtube.com/watch?v=IHZwWFHWa-w（大约 20min）。
- ❑　https://www.youtube.com/watch?v=Ilg3gGewQ5U（大约 14min）。
- ❑　https://www.youtube.com/watch?v=tIeHLnjs5U8t= 106s（大约 10min）。

9.2.1　智能系统需求

机器学习为开发者提供了设计一类全新系统的能力，即智能系统。智能系统的重要性在不断增加，因为它们使开发者能够做到以下几点。

- ❑　解决人类不容易编码的问题。
- ❑　根据新的数据和情况扩展系统行为和结果。
- ❑　执行对人类来说很容易但对计算机来说传统上很困难的任务。
- ❑　降低某些应用中的系统成本。

机器学习是一项前沿技术，它涉及广泛的应用，例如：

- ❑　图像识别。
- ❑　语音和音频处理。
- ❑　语言处理。
- ❑　机器人。
- ❑　生物信息学。
- ❑　化学。
- ❑　视频游戏。
- ❑　搜索。

根据应用程序可用的处理能力，应用程序可以有很大的变化。例如，如图 9.2 所示，在功率谱的低端，基于 Arm Cortex-M 处理器的微控制器可用于关键字检测、模式训练和物体检测等实时系统中的应用。这些应用通常与基于物联网的应用相关联。随着处理器能耗的增加，更多的应用领域开始成为可能，包括高端的自动驾驶汽车。

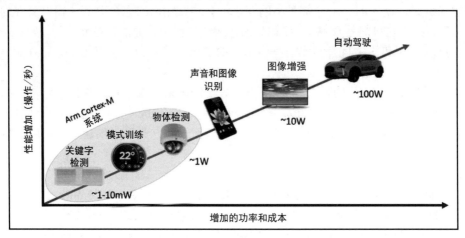

图 9.2

从微控制器的角度来看，有很多处理器可用于机器学习。它们通常可以分为小型、中型或大型微控制器系统，如图 9.3 所示。

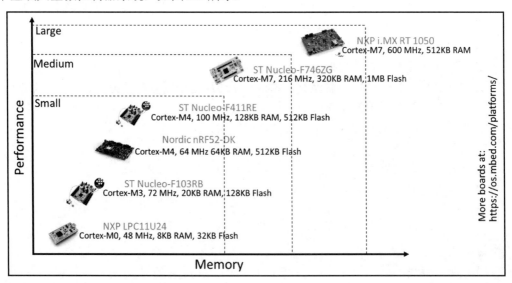

图 9.3

　　本章的实验项目将利用一个基于 STM32 微控制器的 OpenMV 相机模块,这属于中等类别。一般来说,在今天的技术条件下,开发者至少希望使用一个中型系统来运行任何机器学习推理。在一个小系统中也可以做到这一点,随着技术的进步,这变得越来越容易,但强烈建议机器学习方面的新手从一个处理能力更强的系统开始。

　　到目前为止,基于微控制器的嵌入式系统最常见的应用是语音识别和图像识别。语音识别的一个常见应用是使用一个小型微控制器来识别一个触发词,然后唤醒一个应用处理器。应用处理器具有更强的处理能力,可以执行完整的语音识别或与用户、云端更有效地互动。图像识别正被用于各种应用中,包括物体检测和面部识别。本章将重点讨论物体检测。

9.2.2　从云端到边缘的机器学习

　　机器学习是一种传统上驻留在云端的技术,它为搜索引擎和流媒体服务上推荐的播放列表提供了动力。运行机器学习推理通常需要大量的处理能力,特别是在训练算法时。因此,机器学习主要是在云端,直到最近才完全脱离嵌入式系统开发人员的视野。

　　机器学习开始在物联网边缘设备上使用,但处理并不是在边缘设备上完成的。第一批机器学习应用将边缘设备作为一个传感器节点来收集所需的信息,处理工作在云端完成,然后将结果传回边缘设备。这除去了在边缘配备重型处理器的需要。机器学习开始从云端转移到边缘,原因有以下几点。

- ❑　带宽:随着越来越多的设备连接到物联网,让数万亿台设备不断连接回云端并传输大量数据变得不现实。可以通过互联网使用的带宽有限,更重要的是,带宽需要投入成本。相应地,使用的带宽越少越好,这有助于将机器学习从云端推向边缘。

- ❑　功耗:功耗是一个重要的因素,因为当数据包被发送到云端时,设备可能必须保持唤醒状态,以接收处理后的响应。这意味着设备将无法进入低功率状态,并将使用更多的能量。虽然对于连接到电网的设备来说,这可能不是一个问题,但许多物联网设备使用电池供电,Wi-Fi 模块通电的时间越长,电池就会消耗得越快。因此,在边缘尽可能多地进行处理,有可能改善设备的能源使用情况。

- ❑　成本:　在云端运行机器学习算法的成本也会变得昂贵。基于云的机器学习每月都会产生相关的费用。开发人员必须为以下内容付费。

  - ➢　云。
  - ➢　使用的带宽。
  - ➢　使用的特定机器学习功能。

> ➢ 连接到该服务的设备数量，等等。

迁移到边缘不一定会消除所有成本，但可以帮助潜在地大幅减少这些成本。

❑ 延迟：在使用基于云的机器学习时，延迟是一个需要考虑的重要问题。每次边缘设备必须将数据发送到云端并等待响应时，都会存在与该事务相关的不确定性延迟。网络通信本质上是不一致的，这意味着运行一个满足最后期限的实时边缘节点几乎是不可能的。同样，在边缘处完成的工作越多，延迟和响应时间就越短。

❑ 可靠性：通过消除对云的依赖，边缘设备的可靠性也可以得到提高。如果云发生故障，连接被切断，甚至云 API 被更新，边缘设备的可靠性很容易受到影响。设备资源依赖越少，对系统越有利，设计和测试就越简单。

❑ 安全性：系统的安全性可以通过保持系统尽可能地自成一体来提高。将额外的数据推到云端并在那里处理，会增加潜在黑客的攻击面。对于物联网设备，安全是系统设计中的一个重要组成部分。

可以看到，对于嵌入式系统开发人员来说，将机器学习从云端转移到边缘是非常重要的。在我们理解了这一点的重要性后，接下来将为机器学习项目定义一些需求。

9.3　物体检测需求

本章项目的主要目的是建立一个可以检测物体的嵌入式系统。物体检测可以应用于广泛的领域，从机器人到物联网设备，如智能门铃的人员识别。对于这个项目，我们将有两个主要目标。

首先，我们希望项目系统能够探测到一般的物体，可以将其应用于像机器人这样的漫游者，它正在路径上寻找可能需要它改变路线的物体。

其次，我们想创建一个能够识别某人是否在场的项目。

9.3.1　硬件需求

我们可以采取几种不同的方法来进行物体检测。出于成本考虑，本项目使用 OpenMV 相机模块。

根据 OpenMV 网站："OpenMV 项目旨在创建低成本、可扩展、Python 驱动的机器视觉模块，并成为机器视觉领域的 Arduino。"

OpenMV Cam H7 模块基于 Arm Cortex-M7 处理器 STM32H743VI，运行频率为

480MHz，具有 1MB RAM 和 2MB 闪存。OpenMV Cam H7 配备了 OV7725 相机模块，能够拍摄 640×480 8 位灰度图像，或 640×480 16 位 RGB565 图像，分辨率高于 320×240 时为 60 FPS，分辨率低于 320×240 时为 120 FPS。相机传感器配备 2.8mm 镜头，但也有其他配置方案。模块本身是一个小包，如图 9.4 所示。

图 9.4

OpenMV Cam H7 特别适合我们的物体检测项目，原因有以下几点。

❑　硬件外形因素。

❑　硬件模块成本远低于 100 美元。

❑　OpenMV 软件框架是用 MicroPython 编写的。

❑　OpenMV 软件框架包括机器学习库，这将极大地简化我们的项目。

在这个项目中，所有的硬件需求都将由 OpenMV 模块来处理。

9.3.2　软件需求

对于当前项目，我们实际上要创建两个不同的项目，因而可将每个项目的需求分开。首先是标准的物体检测。对于该项目，软件需求如下所示。

❑　使用 CIFAR10 类来检测常见物体。

❑　当检测到物体时，使用 OpenMV Cam H7 GPIO 打开 LED。

其次是人员检测。对于该项目，软件需求是：当检测到人员时，使用 OpenMV Cam H7 GPIO 打开 LED。

我们可以列出想要使用的特定框架，如 CMSIS-NN。但是，当制定需求时，我们不一定要为开发人员设计系统或限制他们解决问题的能力，除非绝对必要。对于这个项目，我们还可以添加一些有趣的需求，例如将识别日志写入 SD 卡，将数据包传回主处理器，或者更复杂的内容。理解了如何检测一个物体后，读者可以针对这些有趣的附加内容进行练习。

接下来将讨论系统设计，以及如何识别物体的软件理论。

9.4　物体检测设计和理论

关于如何在图像中检测物体的详细理论，以及所有机器学习细节都超出了本书的范围。理解如何在微控制器设备上成功执行物体检测的一般理论是我们感兴趣的内容。在本节中，我们将探讨在微控制器上执行机器学习所需的主要组件，以及如何将这些组件组合在一起创建对象检测应用程序。

检测物体所需的 5 个主要组件如图 9.5 所示。

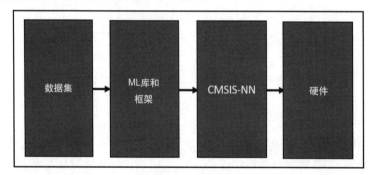

图 9.5

接下来将深入讨论这些组件，并了解它们如何彼此交互以实现相应的目标。

9.4.1　CIFAR-10 和 CIFAR-100 数据集

如果没有数据集来训练模型，机器学习就不能走远。如前所述，我们讨论了神经网络是由神经元和这些神经元之间的连接组成的。如果不使用某种形式的训练来设置它们的值，就无法正确设置连接权重和激活偏置。设置这些权重和数值实际上是模型的学习方面的内容。

互联网上存在大量不同的数据集，可以用来训练机器学习模型。如果有兴趣训练一个模型来检测某人是否在微笑，则可使用 https://github.com/hromi/SMILESmileD/tree/master/SMILEs 的 Smiles 数据集。此外，还可访问 http://vis-www.cs.umass.edu/lfw/，并使用 Labeled Faces in the Wild 数据集。

当考虑使用训练机器模型的数据集时，应该记住以下几个关键点。

❑ 使用 80%的数据集进行训练。

❑ 使用 20%的数据集测试和验证模型。

❑ 数据集应为标记数据。

❑ 数据集应该至少包含每个类别 5000 个标记示例。

公开可用的数据集的类型和规模一直在以指数级的速度增长。图 9.6 是根据 Ian Goodfellow、Yoshua Bengio 和 Aaron Courville 编写的《深度学习》一书制作的。关于该图，有两点需要注意。首先，该图列出了最受机器学习研究人员欢迎的数据库。其次，可以看到，与早期的数据集相比，现代数据集的大小急剧增长。

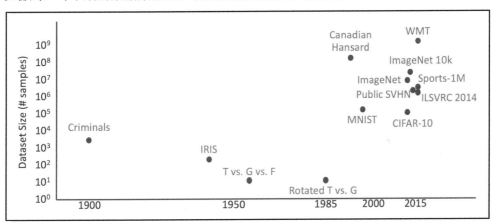

图 9.6

有许多机器学习研究人员使用的一个非常流行的数据集是 CIFAR-10 数据集。CIFAR-10 是来自以下 10 个图像类的 60 000 张图像的集合：飞机、汽车、鸟、猫、鹿、狗、青蛙、马、羊和卡车。其中，每张图像为 32px×32px 的彩色图像。CIFAR-10 数据集为开发人员提供了一种快速尝试不同模型的方法，并确定哪种模型最能有效地识别对象。

此外还有很多其他数据集。例如，CIFAR-100 数据集在 CIFAR-10 的基础上进行扩展，包括 100 个类，每个类包含 600 张图像；ImageNet 包含超过 2 万个类别的 1400 多万张图片。

出于简单考虑，我们的项目中将使用 CIFAR-10 数据集。

9.4.2　机器学习模型语言

开发人员可以使用几个不同的库和框架来为他们的数据集创建模型。在图 9.7 中可以看到对不同工具的简要介绍。

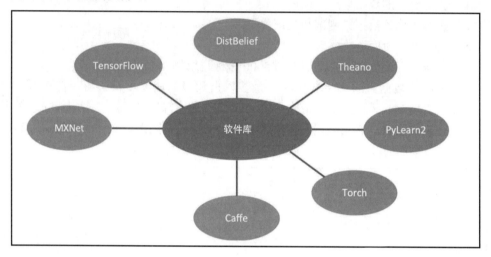

图 9.7

对于使用嵌入式系统的开发人员来说，使用 TensorFlow 或 Caffe 将数据集转换为机器学习模型是相当常见的。

TensorFlow 是谷歌开发的一个软件库，用于使用神经网络的机器学习应用程序。该库于 2015 年在 Apache 2.0 许可下开源。

Caffe 是一个用 C++编写的深度学习框架，是为涉及图像分类的应用程序开发的。该框架由加州大学伯克利分校开发，并在 BSD 许可下发布。

这些库和框架允许开发人员训练机器学习模型，然后将其用于对象检测。这些工具的问题是它们太大而不能在微控制器上运行。即使是由这些库生成的模型也需要很多的计算能力才能在微控制器上使用。为了在微控制器上有效地使用它们，我们需要一个额外的工具，可以将模型转换为可以在微控制器上运行的内容。这个工具是 Arm-NN。

9.4.3　TFLu

TFLu 是微控制器的 TensorFlow Lite。根据 tensorflow.org 网站："微控制器的 TensorFlow Lite 是 TensorFlow Lite 的一个实验性端口，旨在在微控制器和其他只有几千字节内存的设备上运行机器学习模型。"

　　另外，直接在 Cortex-M 处理器上运行机器学习框架是不切实际的。对于资源有限的设备来说，运行此类框架所需的计算资源过于密集。然而，可以在微控制器上运行一个训练好的模型，即推理。

　　在微控制器上，推理需要裸机运行，以便有效地利用处理器的有限资源。虽然对于嵌入式开发人员来说，一个拥有 1MB RAM 和闪存的微控制器可能不会受到资源限制，但相比一个可以利用太字节（TB）级存储空间和高端云计算资源的框架来说，微控制器几乎没有提供资源。

　　TFLu 有助于将训练好的模型转换为可在 Cortex-M 处理器上运行的代码。它利用来自 CMSIS-NN 的 API 调用（稍后将对此加以讨论），如图 9.8 所示。

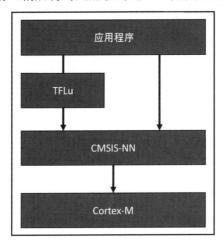

图 9.8

　　关于 TFLu 的更多信息，读者可访问 https://www.tensorflow.org/lite/microcontrollers 进行了解。接下来将考查 CMSIS-NN 是如何发挥作用的。

9.4.4　CMSIS-NN

　　CMSIS-NN 是针对 Arm Cortex-M 微控制器上的低级神经网络（NN）功能进行优化的软件框架。为了与微控制器硬件直接交互，TFLu 经常调用 CMSIS-NN。如果有必要，开发人员可以从他们的应用程序代码中直接调用 CMSIS-NN。CMSIS-NN 可以概括为包括以下重要特征的神经网络函数的集合。

　　❑　最小的内存占用。

❑ 特定于神经网络的优化，例如数据布局和离线权重排序。

❑ 使用 Cortex-M SIMD 指令提高了性能。

图 9.9 展示了 CMSIS-NN 的概况。关于这个框架的更详细的讨论超出了本书的范围。

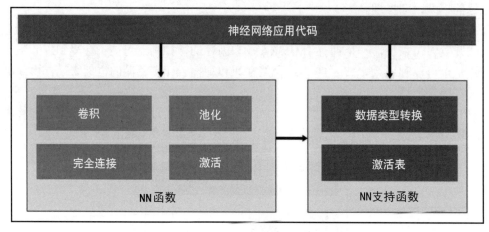

图 9.9

9.4.5　硬件

我们将在本章项目中使用的硬件已经在硬件需求部分中描述过了。需要注意的是，OpenMV 相机确实提供了如何使用机器学习来检测物体的示例。事实上，由于 OpenMV 相机使用的是 Arm Cortex-M 处理器，因此我们刚刚谈到的软件框架正是 OpenMV 用来提供机器学习功能的。

我们现在已经有了足够的背景信息，接下来将开始实施物体检测。

9.5　在 OpenMV 相机上实现并测试物体检测

当利用 OpenMV 相机时，存在多种不同的方法实现物体检测。本节将采用两种不同的方法。

首先，我们将使用一个预训练的卷积神经网络（CNN），该网络是由 OpenMV 使用 CIFAR-10 数据集训练的。我们将加载相关示例，然后为其提供几幅图像，以了解网络的行为方式并熟悉 OpenMV 操作。

其次，我们将超越预训练的网络，并训练一个自己的网络，然后将其部署到 OpenMV 相机上。当阅读完本节内容时，读者将能够训练一个网络来检测感兴趣的任何物体，并能够开始建立自己的控制应用程序。

9.5.1　OpenMV IDE

在开始使用预训练的 CIFAR-10 网络之前，首先讨论如何使用 OpenMV IDE 设置和配置 OpenMV 相机。首先打开 OpenMV IDE，可以看到 IDE 可分为 4 个主要区域，如图 9.10 所示。

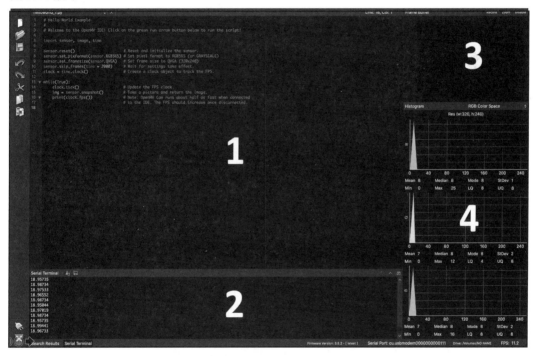

图 9.10

图 9.10 中标注的主要区域如下所示。

（1）代码编辑器。

（2）终端窗口。

（3）图像预览。

（4）图像直方图。

在界面的左下角有两个按钮：一个按钮用于连接 OpenMV 相机，一个按钮用于运行当前的 OpenMV 脚本。

默认情况下，OpenMV IDE 加载准备运行的 hello_world.py 脚本。该脚本连续地从相机中获取图像，并显示它能够实现的每秒帧数，即 FPS（注意，如果相机没有连接到 PC，则最大可实现的 FPS 要高得多）。脚本内容如下所示（脚本来源：OpenMV IDE hello_world.py）。

```
# Hello World Example
# Welcome to the OpenMV IDE! Click on the green run arrow button
# below to run the script!

import sensor, image, time

sensor.reset()                         # Reset and initialize the sensor.
sensor.set_pixformat(sensor.RGB565)# Set pixel format to RGB565
                                       # (or GRAYSCALE)
sensor.set_framesize(sensor.QVGA)  # Set frame size to QVGA (320x240)
sensor.skip_frames(time = 2000)    # Wait for settings take effect.
clock = time.clock()               # Create a clock object to track the FPS.

while(True):
    clock.tick()                   # Update the FPS clock.
    img = sensor.snapshot()        # Take a picture and return the image.
    print(clock.fps())            # Note: OpenMV Cam runs about half
                                   # as fast when connected
                                   # to the IDE. The FPS should increase
                                   # once disconnected.
```

运行脚本并确保能够成功地连接到 OpenMV 相机（注意，如果相机是全新的，应该查看 OpenMV 入门文档，了解如何对焦相机）。随后可以执行以下操作。

（1）将 OpenMV 相机连接到计算机上。

（2）在左下角，单击看起来像插件命令的图标来连接相机。

（3）如果是第一次使用相机，OpenMV IDE 可能会通知固件过时了。允许 IDE 在继续后续操作之前更新固件（这可能需要几分钟）。

（4）单击绿色箭头执行按钮。

此时，应可在终端中看到一个读数，显示计算出的 FPS，如图 9.11 所示。

可以看到，当移动相机以指向环境中的不同对象时，直方图和图像预览窗口会发生变化。现在相机已经启动并运行，接下来尝试使用预训练的 CIFAR-10 网络。

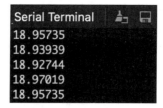

图 9.11

9.5.2　实现预训练的 CIFAR-10 网络

首先，如果只是在运行 hello_world.py 脚本，单击 OpenMV IDE 左下角的停止按钮，停止脚本的执行。这将回到起点，并确保没有任何东西干扰我们加载 CIFAR-10 示例。

接下来，在执行示例代码之前，需要在 OpenMV 相机上保存经过 CIFAR-10 训练的网络接口。这将为相机提供经过训练的网络，我们需要在应用程序脚本中引用它。加载和保存 CIFAR-10 网络文件的操作步骤如下所示。

（1）从顶部菜单中，单击 Tools | Machine Learning | CNN Network Library。

（2）在弹出的窗口中，导航到 CMSIS-NN | cifar10。

（3）单击 cifar10.network 文件，选择 Open。

（4）此时将弹出另一个窗口。该窗口将询问在何处保存所选文件。导航到连接相机时出现的 OpenMV 大容量存储设备驱动器并单击 Save 按钮。

现在网络文件已保存到相机文件系统中，可以通过单击 File | Examples | 25-Machine-Learning -| py 加载示例脚本。

在此有几个额外的 nn_cifar10 脚本。这些脚本提供了如何减少网络正在评估的区域的示例。例如，一个示例将搜索图像中心的较小区域，而不是检查整个图像。这里，我们将只使用整个窗口分类，鼓励读者尝试其他分类。nn_cifar10_search_whole_window.py 的脚本示例如下所示。

```
# CIFAR-10 Search Whole Window Example
#
# CIFAR is a convolutional neural network designed to classify its field
# of view into several different object types and works on RGB video data.
#
# In this example, we slide the LeNet detector window over the image and
# get a list of activations where there might be an object. Note that using
# a CNN with a sliding window is extremely compute expensive, so for an
# exhaustive search do not expect the CNN to be real-time.
import sensor, image, time, os, nn
```

```
sensor.reset()                          # Reset and initialize the sensor.
sensor.set_pixformat(sensor.RGB565)# Set pixel format to RGB565
sensor.set_framesize(sensor.QVGA)    # Set frame size to QVGA (320x240)
sensor.set_windowing((128, 128))     # Set 128x128 window.
sensor.skip_frames(time=750)         # Don't let autogain run very long.
sensor.set_auto_gain(False)          # Turn off autogain.
sensor.set_auto_exposure(False)      # Turn off whitebalance.
# Load the cifar10 network (You can get the network from OpenMV IDE).
net = nn.load('/cifar10.network')
# Faster, smaller and less accurate.
# net = nn.load('/cifar10_fast.network')
labels = ['airplane', 'automobile', 'bird', 'cat', 'deer', 'dog', 'frog',
    'horse', 'ship', 'truck']
clock = time.clock()
while(True):
    clock.tick()
    img = sensor.snapshot()
    # net.search() will search an roi in the image for the network
    # (or the whole image if the roi is not specified). At each location
    # to look in the image if one of the classifier outputs is larger than
    # threshold the location and label will be stored in an object list
    # and returned. At each scale the detection window is moved around in
    # the ROI using x_overlap (0-1) and y_overlap (0-1) as a guide.
    # If you set the overlap to 0.5 then each detection window will
    # overlap the previous one by 50%. Note the computational workload goes
    # WAY up the more overlap. Finally, for mult-scale matching after sliding
    # the network around in the x/y dimensions the detection window will
    # shrink by scale_mul (0-1)down to min_scale (0-1). For example, if
    # scale_mul is 0.5 the detection window will shrink by 50%.
    # Note that at a lower scale there's even more area to search if
    # x_overlap and y_overlap are small... contrast_threshold skips
    # running the CNN in areas that are flat.
    for obj in net.search(img, threshold=0.6, min_scale=0.5, scale_mul=0.5,
        x_overlap=0.5, y_overlap=0.5, contrast_threshold=0.5):
        print("Detected %s - Confidence %f%%"% (labels[obj.index()],\
        obj.value()))
        img.draw_rectangle(obj.rect(), color=(255, 0, 0))
        print(clock.fps())
```

　　脚本中的注释提供了理解脚本中正在发生的事情，以及它如何尝试检测图像中的对象所需的所有信息。阅读完注释后，执行以下步骤来运行和测试网络。

　　（1）单击 IDE 左下角的 Run 按钮。

（2）通过移动设备，使用搜索引擎查找并将以下图像呈现给相机：飞机、汽车、鸟、猫、鹿、狗、青蛙、马、羊和卡车。

（3）在呈现图像时，请注意分类结果和所获得的置信度。

当笔者运行这个例子时，发现预训练的网络能够达到大约70%的准确率（这是在理想的条件下）。事实上，笔者经常发现它达到了 60%的置信水平。图 9.12 显示了置信度的终端输出示例。

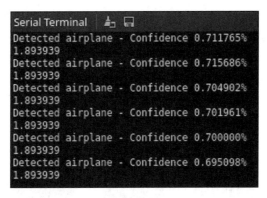

图 9.12

根据展示的图片，笔者还发现收到了相当多的错误分类。例如，给相机提供了一张猫的照片，10 次中有 7 次被识别为猫，而在其他 3 次中，它被归类为船只。

目前，这当然不是最理想的结果，但对于在短短几分钟内启动和运行机器学习物体检测推理来说，结果并不是那么糟糕。接下来考查一个例子，我们自己训练模型，并在 OpenMV 相机上运行。

9.5.3　利用 TensorFlow 模型进行人物检测

如果不先训练一个模型，那么就无法检测一个物体。训练一个模型需要大量的资源，以便进行计算来设置权重和神经偏置。这通常是使用反向传播来完成的，具体取决于正在使用的技术。许多希望使用机器学习的嵌入式工程师遇到的问题是，一旦训练了模型，他们需要将该模型转换为可以在资源有限的环境中运行的内容。

在嵌入式环境中工作通常会限制包含在模型中的神经层的数量。使用流行工具（如 Caffe 或 TensorFlow）生成的模型也以浮点形式生成模型。但是，在微控制器环境中，浮点计算缓慢而烦琐。因此，一旦一个模型被训练出来，就需要对其进行量化和优化，以便移动到定点数学，减小模型的大小。这通常是使用 Arm 提供的脚本来完成的，以转换模型并与 TFLu 和 CMSIS-NN 一起使用。值得庆幸的是，我们不必自己开发这些脚本。

读者可访问 https://community.arm.com/innovation/b/blog/posts/low-power-deep-learning-on-openmvcam 以了解这一处理过程。这篇博客最棒的地方在于，它解释了如何转换一个专门用于 OpenMV 模块的 Caffe 模型。所有的步骤都是通过 Caffe 训练和部署一个模型所必需的。

读者可能想知道，TensorFlow 又当如何？TensorFlow 过于繁重，不能直接用于微控制器；相反，可以使用 TensorFlow Lite（TF Lite）。TF Lite 是一个开源的深度学习框架，用于设备上的推理。基于 MCU 的 TF Lite 是 TensorFlow Lite 的实验性端口，被设计用来在只有几千字节内存的微控制器上运行推理。感兴趣的读者可访问 https://github.com/tensorflow/tensorflow/tree/master/tensorflow/lite/experimental/micro 找到该端口。

将 TF Lite 模型部署到嵌入式目标的过程很简单。一般流程如图 9.13 所示。

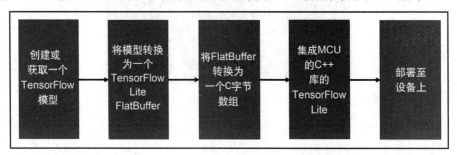

图 9.13

用于 MCU 的 TF Lite 也已经通过 OpenMV 项目集成到 MicroPython 中。读者可以在 http://docs.openmv.io/library/omv.tf.html 上查看详情。在大多数情况下，这种集成对开发者来说是完全无缝的，它只是有助于开发者了解幕后发生的事情，且不需要自己实现任何集成。

与之前一样，我们要利用一个现有的模型，这个模型是由 OpenMV 使用 TensorFlow 训练的。在当前例子中，我们将研究如何检测图像中是否存在一个人。因此，试图检测的对象是一个人（或者至少类似于一个人）。执行以下步骤来准备系统。

（1）将 OpenMV 相机连接到计算机上。

（2）启动 OpenMV IDE。

（3）单击 File | Examples | 25-Machine-Learning | tf_person_detection_search_just_center.py 加载人员检测示例。

开发窗口将被示例 MicroPython 脚本填充。该脚本如下所示（脚本来源：OpenMV tf_person_detection_search_just_center.py）。

```
# TensorFlow Lite Person Detection Example
#
# Google's Person Detection Model detects if a person is in view.
#
# In this example we slide the detector window over the image and get
# a list of activations.
# Note that use a CNN with a sliding window is  extremely compute
# expensive so for an exhaustive search do not expect the CNN to
# be real -time.
import sensor, image, time, os, tf
sensor.reset()                          # Reset and initialize the sensor.
sensor.set_pixformat(sensor.GRAYSCALE) # Set pixel format to RGB565
                                        # (or GRAYSCALE)
sensor.set_framesize(sensor.QVGA)       # Set frame size to QVGA (320x240
sensor.set_windowing((240, 240))        # Set 240x240 window.
sensor.skip_frames(time=2000)           # Let the camera adjust.
# Load the built-in person detection network (the network is in
# your OpenMV Cam's firmware).
net = tf.load('person_detection')
labels = ['unsure', 'person', 'no_person']
clock = time.clock()
while(True):
    clock.tick()
    img = sensor.snapshot()
    # net.classify() will run the network on an roi in the image (or
    # on the whole image if the roi is not specified). A classification
    # score output vector will be generated for each location. At each scale
    # the detection window is moved around in the ROI using x_overlap (0-
    # 1) and y_overlap (0-1) as a guide.
    # If you set the overlap to 0.5 then each detection window will
    # overlap the previous one by 50%. Note the computational work load
    # goes WAY up the more overlap.
    # Finally, for multi-scale matching after sliding the network around
    # in the x/y dimensions the detection window will shrink by scale_mul
    # (0-1) down to min_scale (0-1). For example, if scale_mul is 0.5 the
    # detection window will shrink by 50%.
    # Note that at a lower scale there's even more area to search if
    # x_overlap
    # and y_overlap are small...
    # Setting x_overlap=-1 forces the window to stay centered in the
    # ROI in
```

```
# the x direction always. If
# y_overlap is not -1 the method will search in all vertical
# positions.
# Setting y_overlap=-1 forces the window to stay centered in the
# ROI in
# the y direction always. If
# x_overlap is not -1 the method will search in all horizontal
# positions.
# default settings just do one detection... change them to search
# the
# image...
for obj in net.classify(img, min_scale=0.5, scale_mul=0.5,
    x_overlap=-1, y_overlap=-1):
    print("**********\nDetections at [x=%d,y=%d,w=%d,h=%d]" %
    obj.rect())
    for i in range(len(obj.output())):
        print("%s = %f" % (labels[i], obj.output()[i]))
    img.draw_rectangle(obj.rect())
    img.draw_string(obj.x()+3, obj.y()-1, labels[obj.output().
    index(max(obj.output()))], mono_space = False)
print(clock.fps(), "fps")
```

现在我们已经了解了脚本的工作原理，接下来将运行该脚本。具体步骤如下所示。

（1）单击 OpenMV IDE 左下角的连接按钮。

（2）单击 Run 按钮。

（3）确保串行终端是打开的。如果没有显示，请单击左下角的 Serial Terminal。

（4）向相机展示一个人的形象，并注意终端中的置信度，即有一个人在场。

当运行这个例子时，笔者展示的是 Leonard McCoy 博士，即《星际迷航》中的人物模型（由卡尔·厄本扮演）。可以看到，在人物框中向 OpenMV 相机展示了这个人偶，该人偶在视图中心生成，如图 9.14 所示。

当展示这个人物时，图像被推送到正在运行的 MicroPython 脚本示例中的人物检测推理中。串行终端的输出结果如图 9.15 所示。

应用程序会告诉我们帧速率，在本例中通常为每秒 1～2 帧。可以看到，它还计算了图像中是否有人。在这种情况下，它有约 95%的把握认为那里有一个人。此外，还评估了是否认为那里没有人，以及对答案的不确定性。

使用机器学习来检测物体并不复杂。如果可以，找到一个可以用于应用程序的现有模型。如果不存在此类模型，那么需要自己训练一个模型。

图 9.14　　　　　　　　　　　　　　　　　　　　　图 9.15

9.6　本 章 小 结

　　本章讨论了开发人员如何使用 OpenMV 相机运行对象检测应用程序。我们研究了驱动这种能力的机器学习技术，例如 CMSIS-NN。虽然训练不能在目标设备上进行，但推理可以在资源有限的处理器上执行。

　　根据最终应用和需要检测的对象，开发者可能会利用现有的数据集来训练他们的模型。最坏的情况是，开发者可能需要自己获取数据并进行分类。利用本章获得的知识，读者现在应该能够训练自己的模型并将其部署在 OpenMV 相机上。此外，还可以利用现有的、预先训练好的模型和例子来开发极其复杂的应用。

　　第 10 章将讨论 MicroPython 的发展方向，以及它将如何影响嵌入式系统的设计和构建方式。

9.7　本 章 练 习

　　1．嵌入式系统传统上涵盖哪些技能领域？

　　2．为什么现在工业需要智能系统？

　　3．将机器学习从云端迁移到边缘有什么好处？

4．在机器学习算法开发中最常用的图像数据集是什么？

5．在嵌入式系统上使用什么工具来训练和部署机器学习模型？

9.8　进一步阅读

1．入门视频：https://www.youtube.com/watch?v=aircAruvnKk。

2．在线书籍：http://neuralnetworksanddeeplearning.com/。

3．MIT 课程：http:// introtodeeplearning.com/。

4．CMSIS-NN 论文：https://arxiv.org/abs/1801.06601。

5．KWS 论文：https://arxiv.org/abs/1711.07128。

6．OpenMV NN 模块文档：https://docs.openmv.io/library/omv.nn. html。

7．模型转换：https://community.arm.com/innovation/b/blog/posts/low-power-deep-learning-on-openmv-cam。

8．MicroPython 中的 TensorFlow Lite 集成：http://docs.openmv.io/library/omv.tf.html。

9.9　参 考 资 料

1．*Deep Learning*, Ian Goodfellow, Yoshua Bengio, and Aaron Courville, page 18。

2．https://developer.arm.com/ip-products/processors/machine-learning/armnn。

3．https://www.tensorflow.org/lite/microcontrollers。

4．https://www.tensorflow.org/lite/microcontrollers#developer_workflow。

第 10 章　MicroPython 的未来

自 2013 年以来，MicroPython 不仅在其爱好者中越来越受欢迎，还受到那些愿意创新，以及以非传统方式开发嵌入式系统的专业开发人员的追捧。MicroPython 会长期生存下去吗？还是说它只是昙花一现，会在未来几年内消失？

在本章中，我们将探讨 MicroPython 当前的发展趋势，以及对于专业人士和 DIY 开发人员来说，MicroPython 未来会是什么样子。此外，还将研究一些最新的 MicroPython 硬件和软件，这将有助于完善开发人员的 MicroPython 工具包。

本章主要涉及下列主题。

❑　不断发展的 MicroPython。

❑　Pyboard D-series。

❑　真实世界中的 MicroPython。

❑　MicroPython 的发展趋势。

10.1　不断发展的 MicroPython

总的来说，MicroPython 目前最大的优势是，Python 已经成为世界上最流行的编程语言之一。无论是在云端工作还是在边缘工作，无论是使用 Windows 还是 Linux 机器，都可以看到 Python 的身影，包括串行通信、分析数据、创建图形用户界面、分析图像和运行机器学习推理的 Python 库，等等。Python 得到了广泛的支持，并且有一个很棒的生态系统。

Python 的优点同样是 MicroPython 的优点。此外，MicroPython 还包括一些额外的优点。

❑　抽象了底层电子技术。

❑　降低了新开发者的门槛。

尽管存在诸多优势，但要使用 MicroPython，仍面临许多挑战。

❑　文件系统的完整性在某些情况下是有问题的，如在意外断电之后。

❑　有足够的内存用于应用程序脚本和运行脚本。

❑　为系统建立适当的备份和恢复机制。

❑　从低级硬件故障中恢复，如低级驱动程序可能无法正确处理的 I2C 总线故障。

   ❑   运行 MicroPython 内核的微控制器的额外硬件成本。

   ❑   保护使用 MicroPython 的应用程序。

虽然这些目前对开发人员来说是挑战，但 MicroPython 在未来几年的持续改进无疑会解决这些问题。事实上，Pyboard D-series 模块和最新的 MicroPython 内核版本已显著改善了其中一些挑战。接下来将讨论 Pyboard D-series，以及一些可以帮助开发人员减少这些挑战的软件功能。

10.2　Pyboard D-series

在编写本书时，MicroPython 社区正在等待最新的旗舰 MicroPython 开发板——Pyboard D-series 的发布（该模块在本书出版前几个月投入生产）。与之前的版本不同，Pyboard D 系列被设计成可以在生产系统中使用的模块。开发者可以设计他们的终端应用，并将所有的硬件放在一个载体或子板上，然后通过一个夹层连接器添加 Pyboard D-series 模块，以便指挥和控制他们特定的应用硬件。

Pyboard D-series 的模块方法有几个优点，如下所示。

   ❑   开发人员可以完全独立于微控制器设计他们的硬件。

   ❑   随着时间的推移，产品或项目的处理能力可以通过更换最新和最好的 Pyboard D-series 模块来升级或扩展。

   ❑   蓝牙和 Wi-Fi 包含在该模块中，因此无须花费时间将这些功能添加到载体板中。

除了这些优势，Pyboard D-series 还带来了一些新的硬件能力和特性，使 MicroPython 更加强大，同时使开发者在专业和业余项目中的使用更加有趣。

10.2.1　Pyboard D-series 硬件

首先，Pyboard D-series（PYBD-SFxW）不是一个单独的开发模块。该模块有 3 个不同的版本，允许开发人员自定义项目中需要的特性和功能，并可以帮助他们满足预算。每个模块都基于意法半导体的 Arm Cortex-M7 微控制器，并包括以下微控制器。

   ❑   STM32F722。

   ❑   STM32F723。

   ❑   STM32F767。

这些模块是根据微控制器中的最后一个数字来指定的。例如，使用 STM32F722 的模块是 PYBD-SF2W，而使用 STM32F767 的模块是 PYBD-SF6W。

这些微控制器都能够以 216MHz 的频率运行,这为运行 MicroPython 提供了大量的处理能力，但它们并没有达到最高速度。例如，PYBD-SF2W 的初始时钟速率为 120MHz，而 PYBDSF6W 的初始时钟速率为 144MHz。开发人员可以通过以 2MHz 的增量调整时钟速率（从 48MHz 一直到 216MHz），进而控制他们需要的模块性能水平。有趣的是，开发者甚至可以使用低于 48MHz 的速率，但这样做将无法再运行板载 Wi-Fi 堆栈。

修改时钟速率可通过 machine 模块的 freq()方法完成。例如，可利用下列代码将时钟频率设置为 100MHz。

```
machine.freq(100000000)
```

PYBD-SFxW 配备了至少 256KB 的 RAM，以及 512KB 的 STM32F767。此外，每个模块还包括一个专用的 2 MiB 外部 QSPI 闪存模块，它扩展了内部闪存，使开发人员有更多的空间来存储他们的脚本。除了标准的 SD 卡插槽，模块上还有第二个 2 MiB 的外部 QSPI 闪存模块，用于存储用户文件和数据。这些设备都可以安装在 MicroPython 文件系统上。

PYBD-SFxW 还通过 Murata 1DX CYW4343 芯片集成了 Wi-Fi 和蓝牙 4.1（经典和 BLE）模块。MicroPython 实现在微控制器上运行 TCP/IP 和蓝牙堆栈，以便为开发人员提供更大的灵活性来定制它们。虽然这很好，但使用这些特性的开发人员需要监控 CPU 使用情况，因为从处理的角度来看，这些软件堆栈可能要求很高。这也意味着他们不能将时钟速率降至 48MHz 以下，正如之前讨论的那样。然而，对于大多数开发人员来说，这些很可能不是主要的设计约束。

该模块的其他辅助功能还包括：

❑　通过可选择的射频开关连接外部天线的能力。

❑　通过 40+40 引脚的夹层连接器访问 I/O。

❑　2 个 I2C 总线。

❑　4 个 UART。

❑　3 个 SPI 接口。

❑　1 个 CAN。

❑　46 个 GPIO。

读者可访问 http://store.micropython.org 查看更多信息。

PYBD-SFxW 模块尺寸较小，只有 23.8mm×33.5mm。模块布局如图 10.1 所示。

可以看到，模块的一侧有一些引脚，为开发人员提供了访问特定 I/O 引脚的方法。这些引脚分为两个不同的类别，即 X 和 Y 位置。

这些都是需要注意的，因为如果想在 MicroPython 中访问这些引脚，就需要知道它们的引脚规格，如图 10.2 所示。

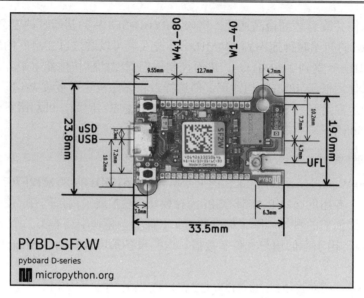

图 10.1

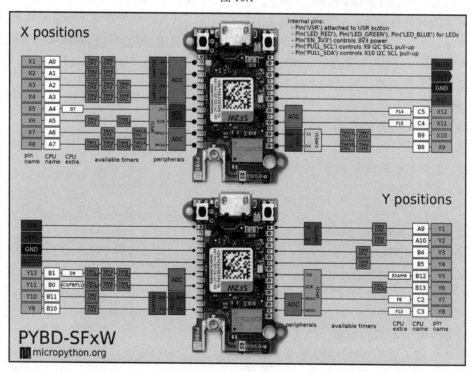

图 10.2

除了在 X 和 Y 位置可用的引脚，还有更多的 GPIO 可通过 WBUS 连接器使用，该连接器位于 PYBD-SFxW 模块的底部。访问这些引脚的最简单方法是通过适配器板将 WBUS 转换为 DIP 插座，然后可以将其放置在面包板上。这为开发人员提供了开发和原型制作的最有效方法。

WBUS 以及 PYBD-SFxW 模块上许多其他部件的位置可以在图 10.3 中看到。

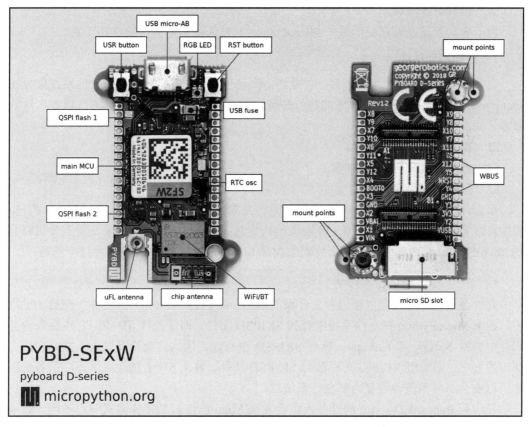

图 10.3

现在我们已经熟悉了 PYBDSFxW 模块的一些硬件功能，接下来将考查可利用这些硬件功能的软件功能。

10.2.2　Pyboard D-series 软件

每一个 MicroPython 版本都会带来新的功能，同时也会带来性能改进、错误修复和库方面的增强。有一些功能是经过验证的，从第一个 MicroPython 版本开始就已经存在，此外也存在一些新的功能。在本节中，我们将探讨一些有用的软件功能，如下所示。

- ❑　控制启动顺序。
- ❑　检测错误。
- ❑　安装和访问 QSPI 内存。
- ❑　调整时钟频率。

为了成功开发应用程序，每个 MicroPython 开发人员都需要了解这些功能。

1．控制启动顺序

当 MicroPython 开发板启动时，它最终会到达一个点，需要挂载一个文件系统来寻找 boot.py 和 main.py 脚本，这样才能执行任何应用脚本。有几个不同的地方可以找到这些脚本，如下所示。

- ❑　微控制器的内部闪存。
- ❑　已插入 SD 卡槽的 SD 卡。
- ❑　附加的 eMMC 模块。

那么，MicroPython 在启动时查看何处呢？答案取决于正在使用的 MicroPython 构建。例如，如果插入 SD 卡，PYBD1.x 开发板的构建总是默认为 SD 卡。如果开发人员想要强制 MicroPython 从内部闪存引导，他们必须在 SD 卡的 boot.py 文件中包含以下内容：

```
pyb.main(('/flash/main.py')
```

此外，还可以选择向内部闪存文件系统添加一个名为 SKIPSD 的文件。在启动过程中，如果 MicroPython 在文件系统中看到 SKIPSD 文件，即使存在 SD 卡，它也会在内部闪存中查找 boot.py 和 main.py。拥有 SKIPSD 很有趣，因为它允许开发人员强制使用内部应用程序。如果出现问题，可以删除 SKIPSD 文件，并从 SD 卡加载应用程序的备份副本，以安全引导系统并恢复内部文件系统。

使用新 Pyboard D-series 的开发人员会发现 MicroPython 的工作方式略有不同。除非 SKIPSD 文件存在，否则内核总是从内部闪存引导，然后开发人员在其应用程序中加载 SD 卡和任何其他内存，而不是默认使用 SD 卡。在这种情况下，开发人员可以使用以下代码加载 SD 卡。

```
import sys, os, pyb
if pyb.SDCard().present():
    os.mount(pyb.SDCard(), '/sd')
    sys.path[1:1] = ['/sd', '/sd/lib']
```

上述代码检查 SD 卡是否存在。如果存在，则挂载 SD 卡并将其添加到路径列表中，以便 MicroPython 可以在其中搜索脚本和库。需要注意的是，虽然这种方法可以用于检测 SD 卡是否存在，但这种技术不能用于检测 eMMC 设备是否存在。

现在有几种不同的内存源可用，开发人员需要修改他们的 boot.py 脚本，以确定通过 USB 大容量存储设备可以查看哪些内存源。例如，如果开发人员希望内部闪存文件系统可用，可以使用以下代码行。

```
pyb.usb_mode('VCP+MSC', msc=(pyb.Flash(),))
```

如果开发人员想让 SD 卡可用，则可以使用下列代码行。

```
pyb.usb_mode('VCP+MSC', msc=(pyb.SDCard(),))
```

为了使 eMMC 可用，可使用下列代码行。

```
pyb.usb_mode('VCP+MSC', msc=(pyb.MMCard(),))
```

可以看到，开发人员可以通过不同的方式配置应用程序来引导和配置通过 USB 可用的内存源。但是，如果出现问题，情况又当如何？

2. 从系统故障中恢复

使用 MicroPython 的开发人员最常遇到的故障是文件系统的损坏。文件系统的损坏可能是由于在 MicroPython 开发板通过 USB 正确弹出之前发生电源故障，或者是由于使用电池操作设备时发生断电。MicroPython 使用的是 FAT 文件系统，在意外断电的情况下，该系统不会优雅地断电。当这种情况发生时，文件系统可能被破坏。

在这些情况下，开发人员解除故障的方式将取决于应用程序的需求。例如，如果这是一个 DIY 项目，开发人员可以通过以下步骤简单地启动到安全模式。

（1）将 Pyboard 连接到 USB，使其通电。

（2）按住 USR 开关，同时按下并释放 RST 开关。

（3）LED 将从绿色循环到橙色，再到绿色和橙色，然后回到绿色。

（4）继续按住 USR，直到只有橙色 LED 亮，然后放开 USR 开关。橙色 LED 应该快速闪烁 4 次，然后关闭。当前则处于安全模式。

安全模式下正常启动 MicroPython，但跳过 boot.py 和 main.py 文件。这为开发人员提供了访问 REPL 以执行系统恢复的权限。

如果文件系统损坏并且 MicroPython 检测到损坏，则可能会将整个文件系统重置为出厂设置。这意味着以下文件将被完全重置。

- ❏　boot.py。
- ❏　main.py。

❑　README.txt。

❑　pybcdc.info。

虽然 MicroPython 可以以这种方式恢复，但这也意味着为 boot.py 和 main.py 创建的任何自定义代码将被完全擦除，文件系统上可能存在的任何其他脚本也同时被擦除。再次强调，对于一个 DIY 项目来说，这可能不是什么大问题，但对于一个专业项目来说，这可能是毁灭性的。尽管如此，依然存在一些恢复的选择方案。

首先，如果应用程序相对简单，只包含 main.py 模块和一些额外的模块，则有可能在内核中包含这些文件的默认版本，如果文件系统被破坏，这些文件将被复制回文件系统。这些自定义文件必须被编译并添加到内核中，创建一个类似于在第 4 章中所实现的自定义内核。然而，对于一个包含几十个文件和几万行代码的复杂项目，该方案则无能为力。

这就引出了第二种恢复机制，即在 SD 卡或 eMMC 内存上存储应用程序脚本的备份。当内部文件系统损坏时，即可定制一个 main.py 模块，将其复制回文件系统，然后将应用程序复制回文件系统。随后，一旦恢复完成，系统就可以重新正常启动。这个过程仍然需要我们自定义在文件系统中创建的内核 main.py 脚本，但是与第一个方案相比，修改内容相对较少。

从脚本中重置系统相对容易，开发人员有两种选择。第一种选择将退出应用程序，其行为类似于软复位。软复位不会重新启动微控制器或其外设。例如，如果有一个计时器在运行，计时器将继续计数。执行此函数的代码如下所示。

```
import sys
sys.exit()
```

开发人员真正想实现的是执行硬复位，使微控制器的电源循环，并从头启动应用程序。这可以使用 reset() 方法来完成，reset() 方法位于 machine 模块中。开发人员首先导入 machine，然后执行以下代码行。

```
machine.reset()
```

上述代码可以在恢复脚本中执行，也可以在易于访问的 REPL 中执行。

10.3　真实世界中的 MicroPython

在本书中，我们一直在探索开发人员如何利用 MicroPython 快速有效地开发嵌入式系统。随着时间的推移，无论是 DIY 项目还是专业产品，都有越来越多的例子在使用 MicroPython。在本书即将结束的时候，讨论一下 MicroPython 在这些截然不同的领域中的应用是很有意义的。

10.3.1　DIY/创客示例项目

　　DIY 和创客项目是为下一个 MicroPython 项目寻找灵感的好地方，而互联网上也不乏实例项目。快速的网络搜索显示，有各种各样的 MicroPython 项目，从简单到复杂不等。例如：

- ❑　电子游戏。
- ❑　储蓄罐。
- ❑　气象站。
- ❑　灌溉系统。
- ❑　机器人。
- ❑　无人驾驶飞机。

　　另外，下列网站也是寻找灵感的好去处，同时可以查看其他开发者在做些什么。

- ❑　Hackster.io（https://www.hackster.io/projects/tags/micropython）。
- ❑　Hackaday.io（https://hackaday.io/projects?tag=micropython）。

　　这些网站涵盖了几十个创客建造的或正在建造的项目，它们不仅提供了灵感，还包含原理图和源代码，读者可以通过查看这些原理图和源代码来提高自己的技能。

10.3.2　专业示例项目

　　创客和业余爱好者并不是唯一利用 MicroPython 的开发者——专业开发者也在参与这一行动。MicroPython 被专业开发者使用的例子之一是 OpenMV 模块应用。

　　据 openmv.io 网站："OpenMV 项目旨在创建低成本、可扩展、Python 驱动的机器视觉模块，目的是成为机器视觉的 Arduino。我们的目标是使机器视觉算法更接近于制造商和业余爱好者。我们已经为您完成了困难和耗时的算法工作，并为您的创造力留下了更多时间。"

　　OpenMV 的伟大之处在于它用来完成任务的 Python 是 MicroPython。该模块在 STM32H7 微控制器上运行 MicroPython，所有机器视觉算法都可以通过 Python 模块访问。开发人员不仅不需要成为底层微控制器技术专家，甚至也不需要成为机器视觉方面的专家。他们可以利用 OpenMV 库来处理对象、面孔、眼睛和颜色，并应用 MicroPython 环境中的许多其他功能。OpenMV 模块如图 10.4 所示。

图 10.4

OpenMV 并不是唯一一个在他们的产品中使用 MicroPython 的专业团队。MicroPython 的另一个应用领域是太空系统。笔者在自己的公司内部开发过几个应用程序，公司客户在小型卫星应用程序中使用 MicroPython。例如，我们使用 MicroPython 创建了一个 CubeSat 飞行计算机，它可以运行航天器，并提供了基于微控制器的系统和基于 Linux 的系统之间不断增长的可扩展性。此外，还开发了额外的 CubeSat 和纳米卫星子系统，如为航天器提供动力的 EPS。

这些应用程序需要定制 MicroPython 内核，并提高内核模块的健壮性，以确保 MicroPython 能够在轨道上安全运行。例如，不允许电源波动或意外关机破坏文件系统。考虑到开发和发射系统的成本，为近地轨道上的卫星提供维修服务是不可行的。MicroPython 系统必须在没有问题的情况下运行；或者，如果遇到问题，它需要能够以最少的用户交互自行恢复。

10.4　MicroPython 的发展趋势

MicroPython 看起来像是一种时尚或有趣的语言，其未来是光明的。专业的开发者会发现，利用 MicroPython 可以快速建立系统原型并测试硬件，而不需要完全了解微控制器的低级工作原理。当涉及开发产品时，如果失败，则应快速失败，而 MicroPython 为开发者提供了这种速度和敏捷性，进而在完全投入之前快速尝试新概念。DIY 和创客们会发现，MicroPython 为他们提供了一种远比目前流行的 Arduino 平台更容易使用和学习的语言。

　　MicroPython 在短期内不会取代 C 或 C++等传统编程语言，但慢慢地，它将在专业开发者中获得市场份额。开发人员现在可能会抱怨 MicroPython 内核太大，或者它没有提供硬实时性能或足够的低级错误处理。但是，随着时间的推移，以及底层代码和第三方软件（如 STM32 的 HAL）变得更加高效，MicroPython 已经变得更加有效和稳健。

　　微控制器和内存技术也在以惊人的速度发展，这使得具有兆字节闪存和 RAM 的高性能 MCU 以极其实惠的价格出现。随着技术的进步，许多可能困扰 MicroPython 应用程序的效率和存储限制将很快消失。除了提供对 eMMC 的支持，MicroPython 对外部存储设备的支持至少暂时解决了其中的一些问题。尽管还有一些工作要做，但毫无疑问，目前取得的进展是迅速的。

　　此外，还有一些有趣的 MicroPython 分支正在出现，如 CircuitPython，它将 MicroPython 带向电子教育的新方向。即使有些开发者还没有加入 MicroPython 的行列，但也会看到 MicroPython 有可能帮助业余爱好者和专业开发者更有效地开发嵌入式系统和项目。剩下的唯一问题是如何利用 MicroPython，答案只受限于开发者自己的想象力。

10.5　进一步讨论

　　本章回顾了本书所探讨的主要话题，并简单介绍了 MicroPython 的发展方向。此外，还介绍了开发者更多参与 MicroPython 的其他几个原因和方法。

　　本书试图涵盖所有主题，并为读者使用 MicroPython 创建自己的项目打下基础。工程总是在不断进步的，虽然本书已经介绍了核心的语言特性和流程，但不可能面面俱到。以下是一些额外的资源供读者参考。

- ❏　MicroPython 文档：https://docs.micropython.org/en/latest/index.html。
- ❏　MicroPython 论坛：https://forum.micropython.org/。

10.6　参　考　资　料

1. Pyboard D-series：https://pybd.io/hw/pybd_sfxw.html。
2. 针对 Pyboard 的 MicroPython 教程：https://docs.micropython.org/en/latest/pyboard/tutorial/reset.html。

附录 A

第 1 章

1．Python 的哪些特点使其成为在嵌入式系统中使用的竞争性选择方案？
- ❑ 世界上许多大学都开设了 Python 课程。
- ❑ Python 很容易学习（甚至小学生也可编写 Python 代码）。
- ❑ Python 是面向对象的。
- ❑ Python 是一种解释性脚本语言，消除了编译。
- ❑ Python 由一个强大的社区提供支持，包括许多附加库，这最大限度地减少了重新发明轮子的需要。
- ❑ Python 包括错误处理。
- ❑ Python 很容易扩展。

2．MicroPython 与哪 3 个用例很匹配？
- ❑ DIY 项目。
- ❑ 快速原型。
- ❑ 小批量生产产品。

3．使用 MicroPython 应该评估哪些商业影响？
- ❑ 对安全漏洞的风险承受能力。
- ❑ 更少的嵌入式开发人员节省的成本。
- ❑ 对上市时间的影响。
- ❑ 整体系统质量和客户反应。

4．MicroPython 最支持哪种微控制器结构？
意法半导体公司的 STM32 微控制器。

5．什么决策工具可以用来消除个人的偏见？
KT 矩阵。

6．构成 SDLC 的 5 个类别是什么？
- ❑ 要求。
- ❑ 设计。

- ❏　实施。
- ❏　测试。
- ❏　维护。

7．REPL 中的哪个组合键会执行软复位？

Ctrl + D 组合键。

8．开发一个 MicroPython 项目需要哪些工作台资源？你目前是否缺少相关资源？

- ❏　公对母 6 "跳线。
- ❏　公对公 6 "跳线。
- ❏　母对母 6 "跳线。
- ❏　一个终端应用程序，如 PuTTY 或实时程序。
- ❏　一张高速的微型 SD 卡。
- ❏　逻辑分析仪。
- ❏　SPI/I2C 总线工具。

第 2 章

1．什么特征定义了实时嵌入式系统？

- ❏　它们是事件驱动的，没有轮询输入。
- ❏　它们是确定性的。在相同的初始条件下，它们在相同的时间范围内产生相同的输出。
- ❏　它们通常以某种方式受到资源限制，例如：
  - ➢　时钟速度。
  - ➢　内存。
  - ➢　能源消耗。
- ❏　使用一个基于微控制器的专用处理器。
- ❏　可能有一个实时操作系统来管理系统任务。

2．MicroPython 常用的 4 种调度算法是什么？

- ❏　轮循调度。
- ❏　使用定时器的周期性调度。
- ❏　协同调度。
- ❏　MicroPython 线程。

3．在 MicroPython 中使用回调时，开发人员应该遵循哪些最佳实践？

❑　保持中断服务程序（ISR）短而快。

❑　进行测量以了解中断时机和延迟。

❑　使用中断优先级设置来模拟抢占。

❑　确保将任务变量声明为 volatile。

❑　避免从 ISR 调用多个函数。

❑　尽可能少地禁用中断。

4．将新代码加载到 MicroPython 板上应该遵循什么过程？

❑　把电路板连接到计算机上。

❑　打开终端应用程序并连接到 pyboard。

❑　在终端中，按 Ctrl + C 组合键中断当前正在运行的脚本。

❑　将脚本复制到 pyboard USB 驱动器。

❑　一旦红灯熄灭，pyboard 闪存系统将被更新。

❑　在终端中按 Ctrl + D 组合键进行软复位。

5．为什么开发人员要在应用程序中放置 micropython.alloc_emergency_exception_buf(100)？

开发人员可以使用这行代码来分配缓冲区空间，以便在无法分配内存的情况下存储异常，例如在 ISR 中。

6．什么原因可能会阻止开发人员使用 _thread 库？

❑　MicroPython 中没有正式支持线程。它们是实验性的。

❑　如果开发者不熟悉多线程的最佳实践方案，线程会产生难以解决的错误。

❑　线程比其他技术，如 asyncio 库，使用更多的资源。

7．哪些关键字表明一个函数被定义为协程？

async/await。

第 3 章

1．什么是高级系统图？

框图。

2．什么是详细的硬件图？

原理图或接线图。

3．在本章中，使用哪 3 幅图来定义软件架构？

❏　应用程序流程图。

❏　状态图。

❏　类图。

4．当两个类在没有使用继承机制的情况下连接在一起时，被称为什么？

组合。

5．测试用例应包括哪些信息？

❏　测试用例编号。

❏　测试用例目标（为什么要进行测试）。

❏　执行测试前需要满足的条件。

❏　在测试期间需要应用于系统的输入（如按下按钮）。

❏　预期结果（发生什么）。

❏　谁做的测试（如果发现问题，由谁来负责）。

❏　测试是什么时候进行的。

❏　要执行测试的软件版本号。

6．开发人员如何在 Python 中创建常量？

Python 中没有常量，定义常量和定义变量是一样的，开发人员只需要确保不修改常量值即可。

7．开发人员应编写什么代码以查找 I2C 总线上存在从设备的地址？

I2C_List = i2c.scan()。

8．可以用什么方法捕获异常并将其打印出来？

except Exception as e: print(e)。

9．可以编写什么语句来强制应用程序退出？

sys.exit(0)。

10．什么类型的设置可以用于完全测试和验证应用程序中创建的驱动程序？

测试套件或测试框架。

第 4 章

1．测试框架的 3 个主要组成部分是什么？

❏　测试执行引擎。

❏　测试存储库。

❑　测试报告机制。

2．使用测试框架的优点是什么？

❑　自动化测试，这样开发人员就可以专注于其他活动。

❑　执行回归测试，这可以验证最近的更改没有破坏其他代码段。

❑　提高代码质量。

3．测试框架可以测试的缺陷示例是什么？

❑　无响应的从属设备。

❑　无效响应。

❑　I2C 总线错误。

4．测试工具可以遵循哪些架构？

❑　PC 到嵌入式设备。

❑　嵌入式设备监视器到嵌入式设备目标。

❑　自带的嵌入式设备目标和测试器。

5．模块测试需要执行哪 4 项操作？

❑　测试设置。

❑　测试执行。

❑　测试清理。

❑　测试报告。

第 5 章

1．在内核的哪个文件夹中可以找到 MicroPython 支持的所有架构？

ports/文件夹。

2．哪种微控制器架构有最多支持的开发板？

STM32。

3．boards 文件夹中可以找到哪 3 种类型的文件？

❑　所支持的 board 文件夹。

❑　STM32 衍生的链接器文件。

❑　STM32 衍生的引脚图。

4．MicroPython 使 STM32L475E_IOT01A 感兴趣的一些特性是什么？

❑　Arduino 头。

❑　板载无线网络。

- ❏ 板载蓝牙。
- ❏ 内置 DFU 引导加载程序。
- ❏ PMOD 扩展头。

5．可以修改开发板的哪个内核文件，以改变在 MicroPython 脚本中用于控制引脚的引脚指定？

pins.csv 文件。

6．为了自定义启动代码初始化，必须定义什么函数？

MICRO_BOARD_EARLY_INIT。

7．自定义启动代码应遵循哪些步骤？

- ❏ 用 MICROPY_BOARD_EARLY_INIT 定义和将被调用的函数名更新电路板的 mpconfigboard.h 模块。
- ❏ 创建一个模块来包含这些代码。
- ❏ 定义将被执行的函数。
- ❏ 添加自定义的启动代码。

8．用于生成.mpy 文件和将 Python 脚本转换为冻结模块的编译器工具是什么？

mpy-cross。

9．使用冻结模块有哪些优点？

- ❏ 如果不刷新内核，就不能修改 Python 模块。
- ❏ 该模块被编译成字节码，这使源代码远离窥探。
- ❏ 更新应用程序脚本更快，因为需要更新的模块更少。
- ❏ 如果文件系统出现问题，并且它被设置回默认值，编译后的模块仍然存在，并且可以作为默认脚本的一部分调用，以使系统进入安全状态。
- ❏ 如果编译后的模块具有一些对速度至关重要的功能，则可以将其放入零等待 RAM 中，这将确保其尽可能高效地执行。
- ❏ 编译后的模块可以在闪存中存储和执行，这将为存储在文件系统上的 Python 编译器和脚本释放 RAM。

10．用于编译带有冻结模块内核的命令是什么？

make BOARD= B_L475E_IOT01A FROZEN_MPY_DIR=boards/B_L475E_IOT01A /script。

第 6 章

1．哪些文件用于修改 MicroPython 板在启动时支持的 USB 类？

boot.py 文件。

2．我们在开发中使用生成数据而不是实时传感器的原因是什么？

❑　最初编写的代码更少。

❑　无须对传感器代码进行故障排除。

❑　硬件设置更简单。

3．图表刷新率是多少时，用户界面开始变得迟钝？

100ms。

4．使用 MicroPython UART 进行通信而不是使用 USB 的原因是什么？

获得有关 UART 的经验是很有用的，它可以用来与其他传感器和设备连接。

5．哪个 Python 函数用于将浮点数转换为字符串？

str()函数。

6．什么模块用于创建命令行参数？

Args。

7．可以向可视化工具添加哪些新特性来增强其功能？

❑　添加配置文件。

❑　添加数据包校验和。

❑　保存传入的数据流。

❑　添加双向通信。

❑　使用 USB 而不是 UART。

第 7 章

1．在手势控制应用中通常使用的技术是什么？

❑　LED 和光电二极管。

❑　相机。

2．本章涵盖了哪 4 个主要的手势？

❑　向前。

❑　向后。

❑　向左。

❑　向右。

3．APDS-9660 提供哪 3 种模拟引擎？

❑　近距离探测。

❑　手势检测。

❑　RGB 颜色检测。

4．驱动程序和集成应用程序模块之间的区别是什么？

驱动程序提供了对芯片内所有功能的访问，供应用程序使用。驱动程序要求开发者创建一个更高级别的模块，以使用来自驱动程序的数据，进而执行有用的工作。一个集成的应用模块将一些驱动程序的功能集成到应用模块中，使它们高度集成并耦合在一起。

5．用什么方法来确定手势的方向？

使用最后 5 个数据点中的 4 个，丢弃最后一个数据点。计算每个轴二极管之间的分离距离，以确定手势方向在哪个轴上。然后使用轴计数的方向来确定手势的方向。

第 8 章

1．我们用什么库来创建 MicroPython 中的任务？
uasyncio。

2．在刷新 ESP32 时，我们使用 MicroPython 的哪个版本？
支持 BLE 的通用 SPIRAM，但不支持 LAN 或 PPP。

3．用 MicroPython 刷新 ESP32 的工具是什么？
esptool.py。

4．哪个 MicroPython 模块可以用来控制任何 MicroPython 端口的 I/O？
machine。

5．哪些方法可以用来向 ESP32 推送脚本？
❑　WebREPL。
❑　Anaconda 终端。

第 9 章

1．嵌入式系统传统上涵盖哪些技能领域？
❑　体系结构设计。
❑　代码分析。
❑　缺陷管理/调试。
❑　文档。
❑　语言技能。

❑ 流程和标准。

❑ 测试工具。

2．为什么现在工业需要智能系统？

❑ 为了解决人类难以编写代码这一类问题。

❑ 根据新数据和新情况调整系统行为和结果。

❑ 完成对人来说很容易但对计算机来说很难的任务。

❑ 在某些应用中降低系统成本。

❑ 体现了前沿技术。

3．将机器学习从云端迁移到边缘有什么好处？

❑ 节省带宽。

❑ 降低功耗。

❑ 减少成本。

❑ 缩短延迟。

❑ 提高可靠性。

❑ 提高安全性。

4．在机器学习算法开发中最常用的图像数据集是什么？

CIFAR-10。

5．在嵌入式系统上使用什么工具来训练和部署机器学习模型？

❑ 数据集。

❑ 机器学习库和框架。

❑ TFLu。

❑ CMSIS-NN。